读古人学子做事

古山月 ◎ 编著

中国书籍出版社

图书在版编目（CIP）数据

读古人，学做事 / 古山月编著 . —北京：中国书籍出版社，2010.10（2024.1 重印）
ISBN 978-7-5068-2184-1

Ⅰ . ①读… Ⅱ . ①古… Ⅲ . ①成功心理学—通俗读物 Ⅳ . ① B848.4-49

中国版本图书馆 CIP 数据核字 (2010) 第 163575 号

读古人，学做事

古山月　编著

责任编辑	安玉霞　武　斌
责任印制	孙马飞　张智勇
封面设计	书心瞬意
出版发行	中国书籍出版社
地　　址	北京市丰台区三路居路 97 号（邮编：100073）
电　　话	（010）52257143（总编室）（010）52257153（发行部）
电子邮箱	chinabp@vip.sina.com
经　　销	全国新华书店
印　　刷	三河市华东印刷有限公司
开　　本	710 毫米 ×1000 毫米 1/16
字　　数	268 千字
印　　张	17
版　　次	2010 年 10 月第 1 版　2024 年 1 月第 2 次印刷
书　　号	ISBN 978-7-5068-2184-1
定　　价	56.00 元

版权所有　翻印必究

前 言

对每个人而言，人生的过程其实也是由做这样那样的事形成的。这些事有容易的，也有困难的；有做过的，也有没做过的。而对现实中大多数人而言，如何去做事，如何把事情做得更好，都是需要去认真学习的一门课。因为在人们的工作与生活中，如何做事的智慧时刻在发挥着无比重要的作用。有了这种智慧的帮助，我们才能更容易的实现梦想、创造价值，获得幸福的人生。

但如何做事的智慧通常不是凭空创造的，我们需要借鉴他人的经验或吸取他人的教训，这就要求我们能从他人做事的行动中观察和领悟其中的智慧，并做到为我所用和引以为戒。

那么去哪里学习或借鉴这些做事的智慧呢？也许我们会向身边的人学习，但他们做事的方式方法就正确吗？不一定的，比如有些人因为投机取巧获得了财富或职位得到了提升，办成了自己想办的事，但这样的成功大多只是一时的，或许再过一段时间，他们又因曾经的投机取巧而落败，不但办成的事搞砸了，又损失了更多的东西。所以，在学习做事的方式方法上，我建议大家不妨把目光投向我国历史上那些古人们。他们遗留下来的各种各样的做事智慧、谋略、经验、教训，基本都是有了历史定论的，故事经典，道理深刻，对我们而言也都是一笔可资利用的宝贵财富。

本书就是一部汇集古人们做事方略的一部宝典，书中精选了近百篇启人智慧的历史故事，从夏商周开始，至晚清时期，汇聚了中华五千年历史中的智者高士的智慧精华，也剖析了某些古人做事失策的深刻教训。书中按章分了六个部分，讲述了我们平时做事待人经常面临的六个方面，每章的每一节内容都有它的完整性，可以单独成篇分开来看，也可以按历史顺序一一浏览，或者按章节分类查询阅读。而每一节又分成了三个部分，前面叙述古人的故事，中间是对故事的解析和故事中道理的解说，最后面是"观史悟道"，对本节所讲的故事和道理做智慧、精辟的总结，加深读者朋友的印象。

　　本书内容涵盖全面，故事通俗易懂，说理深刻到位，文化品味较高。阅读本书，将帮助您在认识古人、品读历史的同时，轻松地学习到做事创业、经营管理、谋略策划、社会交往、识人用人、避祸趋吉等方面的实用学问。它将给您以科学、正确的指导，助您创建成功的事业和幸福的人生。

目　录

第一章　品性与修为

汉高祖善待逝者得拥护 …………………………………… (3)
爱人者,人恒爱之 …………………………………………… (4)
苏武留胡节不辱 …………………………………………… (6)
做事讲原则,取义靠精神 …………………………………… (8)
光武帝仁德立身定天下 …………………………………… (11)
仁德之心最能服人 ………………………………………… (13)
刘备德行素著名播天下 …………………………………… (15)
以德服人者,人尽服也 …………………………………… (16)
赵子龙勇气过人独退曹兵 ………………………………… (17)
困难面前勇者胜 …………………………………………… (19)
祖逖勤而有志为国建功 …………………………………… (20)
勤奋是鼓舞志向飞腾的翅膀 ……………………………… (22)
谢安悠游之间败前秦 ……………………………………… (24)
临事要静,闲暇多思 ……………………………………… (25)
皇甫绩以诚立身做高官 …………………………………… (27)
诚实是做人最好的"名片" ………………………………… (29)
狄青出身寒门做大将 ……………………………………… (30)
立大志,做对事,成大功 …………………………………… (32)
欧阳修勤修学问成一代文豪 ……………………………… (34)
一勤天下无难事 …………………………………………… (35)
苏东坡因才自傲遭王安石惩治 …………………………… (37)

自以为是,失败之本 …………………………………… (40)
晏殊以诚实得信任 …………………………………… (41)
做事先做人,诚信不可失 …………………………… (42)
崇祯刚愎自用明朝灭亡 ……………………………… (43)
刚愎自用,事事无成 ………………………………… (45)
乾隆妄自尊大国家败落 ……………………………… (47)
谦虚使人进步,骄傲使人落后 ……………………… (49)

第二章 智谋与明势

孙子出奇制胜败楚军 ………………………………… (53)
常变常新,不变则败 ………………………………… (54)
田单麻痹敌军救齐国 ………………………………… (55)
创造机会,出奇制胜 ………………………………… (57)
汉高祖因时而变建汉朝 ……………………………… (59)
小不忍则乱大谋,适时变以成大功 ………………… (61)
郭奉孝预知孙策遇害仇家 …………………………… (62)
细节之处多留心,预先防范免麻烦 ………………… (63)
陆逊示弱骗关羽 ……………………………………… (65)
杜绝浮躁,踏实做事 ………………………………… (66)
徐晃把握战机破蜀军 ………………………………… (67)
明察机会,及时把握 ………………………………… (69)
羊祜善待对手瓦解敌军 ……………………………… (71)
"怀柔"战术效率高 …………………………………… (73)
石勒假做谦卑杀王浚 ………………………………… (74)
正奇互用,示假隐真 ………………………………… (76)
李靖把握机会灭敌国 ………………………………… (78)
把握机会,果断决策 ………………………………… (80)
孙万荣连环诈计破唐军 ……………………………… (81)
诈计诱惑须提防,抛砖引玉用正道 ………………… (82)

成吉思汗顺势而行统一蒙古 …………………………………… (84)

明辨时势,相时而动 …………………………………………… (86)

玄烨玩耍之中擒鳌拜 …………………………………………… (88)

韬光养晦,麻痹对手,一击制胜 ……………………………… (90)

展玉泉眼光长远成巨富 ………………………………………… (91)

眼光有多远,成功有多大 ……………………………………… (93)

王致和失误之中得商机 ………………………………………… (94)

逆向思考,或许会得到正确的答案 …………………………… (95)

胡雪岩知对手底细将其兼并 …………………………………… (97)

知彼之底,攻彼之虚 …………………………………………… (98)

第三章 远祸与得福

隰斯弥装糊涂巧避祸 …………………………………………… (103)

易逞聪明,难得糊涂 …………………………………………… (104)

公孙鞅恃功自傲终被诛 ………………………………………… (105)

谦下做人,踏实做事 …………………………………………… (106)

范雎适时引退安享晚年 ………………………………………… (107)

适时进退,不争而胜 …………………………………………… (108)

列子不收赠粮免灾祸 …………………………………………… (110)

能拒绝诱惑,才能不被别人牵着鼻子走 ……………………… (111)

春申君当断不断终遭祸 ………………………………………… (113)

当机立断,不受其乱 …………………………………………… (114)

汉高祖赴宴鸿门巧免祸 ………………………………………… (117)

能忍能让,能做大事 …………………………………………… (118)

陈平不诛樊哙保官位 …………………………………………… (120)

事不可做绝,考虑周全自圆满 ………………………………… (121)

李夫人不以残颜面君惹汉武帝思恋 …………………………… (122)

知彼知己多权衡,欲擒故纵成大功 …………………………… (123)

杨修自作聪明被曹操所杀 ……………………………………… (126)

才华要藏,不可张扬 …… (128)
王羲之装睡免祸端 …… (130)
随机应变,见机行事 …… (131)
李忱装傻继帝位 …… (133)
大智若愚不强为,不露锋芒成大功 …… (134)
王阳明适时让功巧避祸 …… (136)
能舍才能得,得失之间细思量 …… (137)
郑燮"吃亏是福"与邻为善 …… (139)
投机取巧不可取,"吃亏是福"应牢记 …… (140)
奕䜣谦恭谨慎做人臣 …… (141)
放低位置多谦逊,"夹起尾巴"免遭忌 …… (143)

第四章　进取与发展

伊尹自荐助商汤 …… (147)
唱精彩的戏,就要有精彩的舞台 …… (148)
楚庄王先抑后扬一鸣惊人 …… (149)
厚积薄发,就要先韬光养晦 …… (151)
苏秦知耻而进成六国宰相 …… (153)
天生我材必有用,敢于挑战才成功 …… (154)
冯谖不收租,田文美名传 …… (155)
会分享,得共赢 …… (156)
赵括"纸上谈兵"长平惨败 …… (159)
不懂装懂自欺欺人,有一说一自知自胜 …… (161)
楚霸王破釜沉舟破秦军 …… (163)
意志坚强,敢于拼搏,走向胜利 …… (165)
韩信受激励自强成名将 …… (166)
生存发展,必须自励自强 …… (167)
光武帝能屈能伸建东汉王朝 …… (168)
小不忍则乱大谋,小不让则损大局 …… (170)

冯异先输后赢败赤眉 …………………………………… (171)
失败是成功之母,挫折是前进铺垫 …………………… (172)
曾国藩圆融通达成重臣 ………………………………… (174)
争强好胜惹祸端,示人以弱事易成 …………………… (176)
胡雪岩乐于助人成巨商 ………………………………… (178)
乐于助人,合作才能做大事 …………………………… (179)

第五章　察人与待人

周成王信任周公国家安定 ……………………………… (185)
不可人云亦云,要能正确判断 ………………………… (186)
楚庄王不问小错得人效命 ……………………………… (187)
学会宽容,事业之路才宽敞平坦 ……………………… (188)
优孟劝人有方受重用 …………………………………… (190)
说话也要讲技巧,表达方式很重要 …………………… (192)
郭隗自荐燕国"士争凑燕" …………………………… (194)
巧妙利用榜样的力量和影响 …………………………… (195)
信陵君礼贤下士破秦军 ………………………………… (197)
以礼待人,以信接人 …………………………………… (200)
光武帝信任冯异天下安定 ……………………………… (201)
信人者,人恒信之 ……………………………………… (202)
诸葛亮服人之心收南蛮 ………………………………… (204)
强力屈人人益顽,服人之心人方服 …………………… (205)
李世民用人有道国家大治 ……………………………… (207)
用人不疑与疑人不用 …………………………………… (208)
赵匡胤杯酒之间削大将兵权 …………………………… (210)
诚实待人才会得拥护 …………………………………… (212)
蒋瑶不媚小人得重用 …………………………………… (213)
假痴不癫,示拙用巧以制胜 …………………………… (214)
况钟示人愚笨察人而治 ………………………………… (216)

示人愚拙,见机制敌 ··· (217)
张居正任人唯能重振明朝 ····································· (219)
用人之道:辨才而任,各尽其能 ······························ (221)
皇太极感情投资得洪承畴 ····································· (223)
感情到,人思效,事好了 ·· (225)

第六章 创业与管理

范蠡超前意识赚大钱 ·· (229)
思想要超前,行动要稳健 ······································· (230)
公孙鞅赏罚分明行变法 ··· (231)
有赏有罚,诚信做事 ··· (233)
周亚夫治军严整得重用 ··· (235)
团队纪律不可少,和谐发展得共赢 ··························· (237)
曹操以身作则严以治军 ··· (239)
遵守原则要从我做起 ·· (241)
曹操集团善于合作击败袁绍集团 ····························· (242)
一个篱笆三个桩,一个好汉三个帮 ··························· (244)
刘备征东吴兵败夷陵 ·· (245)
不擅长的事,何不放手让能者去做 ··························· (248)
隋文帝爱惜民力天下大治 ······································ (249)
以德服人,大事可成 ··· (251)
唐高祖从谏如流兴大唐 ··· (253)
善于倾听,才能日有进益 ······································· (254)
唐太宗敬畏人民大唐始兴 ······································ (256)
谨慎做事易成,骄躁做事必败 ································· (259)

参考资料 ·· (260)

第二章 品性与修为

汉高祖善待逝者得拥护

汉高祖刘邦在定都长安之前，曾和楚霸王项羽打了四年的战争，史称"楚汉战争"，后来项羽众叛亲离，在垓下被汉兵所困，突围来到乌江边上自刎而死。这样刘邦就基本平定了天下。

项羽死后，刘邦并没有表示对项羽不敬，也没有对项羽的亲属赶尽杀绝。史载刘邦以鲁公礼葬项羽于谷城，"汉王（指刘邦）为楚王（项羽）发哀，泣之而去。诸项氏枝属，汉王皆不诛。"这一不问罪者旁枝的举动就做得很好，以至楚国长老都称赞沛公（指刘邦）为长者，这为刘邦赢得楚人的归心起了很大作用，此后楚人果然没有反叛。事后刘邦来到长安称帝，是为汉高祖。

天下安定后，有一次刘邦巡游天下，经过鲁地时，他知道这里是大圣人孔子的家乡，就郑重地举行仪式祭祀孔子，臣民听说后纷纷称赞他做得对。他自己也从这件事上受到了启发，于是就继续用这种办法去安抚、笼络人心，使天下人的心都向着新建立起来的汉朝朝廷。

这次巡游结束回到长安后，刘邦更加想为老百姓多做善事了。有一次他把大臣们召集在一起，对他们说："我们对秦始皇、楚王隐、魏安僖王、赵悼襄王、陈胜、魏公子无忌这些已故的人都很熟悉，他们活着时，虽然有的做过坏事，但也都做过一些有利于百姓的事情，尽管他们也都有错，但谁能没错呢？他们没有后代，连坟都没人管，我想派上一些小户人家，给他们些土地和生活用具，让他们为这些人看守坟墓，你们大家认为这样做可以吗？"

大臣们听了都连连说好，都认为这是功德无量的善举。于是汉高祖就派人给秦始皇等已故的人看坟，他派给秦始皇看坟的人为二十家，给魏公子无忌看坟的人为五家，其余各十家。人们很快知道了这件事，都觉得这事做得好，特别是战国时各诸侯国王族的后人们，为此都很感激汉高祖，认为这样做可以安慰那些死去的人的阴魂。有的人还说："已经死了的人，皇上还这么惠顾，何况活着的人呢，更不用担心能过好日子了。"

这样，已在秦朝严酷统治和乱世纷扰中挣扎了数十年的人们都安下心来，生活也都稳定下来，那些想反对汉朝的地方势力也一下子失去了民心基础，结果汉朝长治久安了很长时间，人民得以休养生息，汉朝的国力也开始强大起来，成为我国历史上一个伟大的王朝。

爱人者，人恒爱之

爱人者，人恒爱之。我们唯有学会先关爱他人，他人才能关爱我们。人们常说"得民心者得天下！"对政治家来说这仿佛是亘古不变的真理。得民心是什么？其实就是你做到了关爱他人，于是他人也反过来爱戴你，于是"民心"便得到了。

当初和刘邦争天下的项羽之所以失败，很大的原因在于他不懂得关爱百姓，于是他便不得民心，他每每在攻城之后屠杀全城百姓，以至每个地方的人都很畏惧他，怕他到来。他在巨鹿占胜秦军主力后，坑杀了秦朝降兵二十万，入关中后又将秦王子婴杀死，并弑杀原先各路诸侯共同推举的义帝，自立为王，这些只为私利而不得民心的措施使得他的势力越来越小，自己虽力能"拔山"，气魄盖世，但也难逃最终失败的命运。

不但是在政治上，对每个人也一样，我们要做好工作，过好生活，都要能做到关爱他人，争取"民心"才行。

在生活中，"得民心"就是打造自己的好人缘，只有我们人缘好，别人都认可我们，那么我们遇到的阻挠才少，做事情和交友才会更加顺利；而在家庭中，家人更需要我们的关怀，这样我们的家庭才能因相互关爱而其乐融融。

在工作上，无论你处在什么职位，"得民心"都是制胜之道，领导者关怀下属，才能得到下属的拥戴；同事之间也是这样，你能关心别人，乐于帮助别人，那么别人也会同样对待你。

在做事业上更是如此，比如你要经商，要销售某种产品，你就要让这个产品及其配套服务能打动消费者的心，唯有得到消费者的心，这个产品才能卖得好，你的事业才能做大。

这在企业的创业发展中也有较深刻的反映。任何一位企业领导者都应该明白，企业最应该做的就是得到消费者的心，无论是大量广告宣传的投入，或是针对产品质量和性能的改进，都是在让更多的消费者相信自己的企业，接受自己的品牌，那么如何让消费者相信和接受自己呢？唯有在产生和服务上真正为消费者着想，做到真心关爱消费者。这种做法的道理其实是和得民心者得天下是一样的，哪个企业能更好地为消费者服务，哪个企业就能更好地拥有市场，其发展前景就愈光明。

有家家电制造企业就做得很好，为了赢得消费者的青睐，该企业打出了"服务就是市场，服务就是效益"的口号，并在行动上使服务朝三个方向发展：由公司内的服务向公司外延伸，由被动服务向主动服务转变，由单一服务向多元化服务拓展。本着紧跟市场、用心服务的信念，该企业组建了一支业务精、能吃苦、有较高服务意识的安装队伍，对产品实现了设计、生产、销售、安装一条龙，大大方便了用户，这一举动大大打动消费者的心，产品和服务迅速为人们接受，于是市场形势一片大好，该企业也迅速得以发展壮大。

因此，无论你想做什么，你都应该学会关爱别人，争取民心。只有赢得了更多人的喜爱，我们得到的拥护才多，阻碍我们的力量也才会最少，我们也才能更容易地把事情办好。

观史悟道

能团结更多人的人，他获得的支持和帮助就更多，所具备的力量才大。如何做到这点呢？真心地关爱他人是个不错的方法。

正由于赢得了民心，刘邦得到了百姓的信任、拥护和支持，最后取得天下。请记住，无论是做什么事情，你能团结更多的人，你成功的可能性就更大。

苏武留胡节不辱

战国至秦汉时期，北方的游牧民族匈奴的势力发展很快，他们经常南下抢掠财物，杀戮边境人民。至西汉武帝时期，汉朝发动了对匈奴的几次大规模战争，以卫青、霍去病等人为主帅，大军深入匈奴腹地，这几次战争过后，匈奴的军事力量基本被消灭殆尽，一段时期内再无力骚扰汉朝边境。但过了几年后，匈奴的军力有所恢复，这时的匈奴口头上表示要跟汉朝和好，实际上却是随时想进犯中原。匈奴的首领单于一次次派使者来汉朝求和，等汉朝的使者到匈奴去回访时，有的却被他们给扣留了。汉朝便也扣留了一些匈奴使者。

公元前100年，汉武帝又想出兵打匈奴，匈奴派使者来求和了，还把被扣的汉朝使者都放了回来。汉武帝为了答复匈奴求和的诚意，于是派中郎将苏武拿着旌节，带着副手张胜和随员常惠，出使匈奴。

苏武到了匈奴，送回了被扣留的匈奴使者，并送上了带来的礼物。他正等单于写个回信让他回去，可偏偏在这个时候出了一件意想不到的事。

苏武没到匈奴之前，有个叫卫律的汉人，在出使匈奴后因为贪生怕死、贪图权贵而投降了匈奴。卫律有一个部下叫虞常，对他很不满意。虞常跟苏武的副手张胜原来是朋友，就悄悄地约张胜商量，想杀了卫律，劫持单于的母亲，逃回中原去。

张胜对虞常的想法表示赞同，没想到虞常的计划没成功，反而被匈奴人逮住了。单于非常生气，叫卫律审问虞常，还要查问出同谋的人来。

苏武本来不知道这件事。但随着形式的紧迫，张胜怕受到牵连，于是把事情的原委告诉了苏武。苏武说："事情已经到这个地步，一定会牵连到我。如果让人家审问以后再死，不是更给朝廷丢脸吗？"说罢，就拔出刀来要自杀。张胜和随员常惠眼快，忙夺去他手里的刀，把他劝住了。

虞常虽然受尽种种刑罚的折磨，只承认跟张胜是朋友，说过话，拼死也不承认跟他同谋。于是卫律向单于报告。单于大怒，要杀死苏武，被大臣劝阻了，单于又叫卫律去逼苏武投降。

苏武一听卫律叫他投降，就说："我是汉朝的使者，如果违背了使命，丧失了气节，活下去还有什么脸见人？"说罢，又拔出刀来向脖子抹去。卫律见状慌忙上前把他抱住，苏武的脖子已受了重伤，昏了过去。卫律赶快叫人抢救，苏武才慢慢苏醒过来。

单于知道苏武自刎的事后，觉得苏武是个很有气节的好汉，十分钦佩他。等苏武的伤痊愈了，单于又想逼苏武投降。他派卫律再次审问虞常，让苏武在旁边听着。卫律先把虞常定了死罪，杀了；接着，又举剑威胁张胜，由于张胜贪生怕死，投降了。

卫律对苏武说："你的副手有罪，你也得连坐。"

苏武说："我既没有跟他同谋，又不是他的亲属，为什么要连坐？"

卫律又举起剑来威胁苏武，苏武毫不畏惧。卫律没法，只好把举起的剑放下来，劝苏武说："我也是不得已才投降匈奴的，单于待我好，封我为王，给我几万名的部下和满山的牛羊，享尽富贵荣华。先生如果能够投降匈奴，明天也跟我一样，何必白白送掉性命呢？"

苏武火冒三丈，站起来恨恨地说："卫律！你是汉人的儿子，做了汉朝的臣下。可你却忘恩负义，背叛了父母，背叛了朝廷，厚颜无耻地做了汉奸，还有什么脸来和我说话。我决不会投降，怎么逼我也没有用。"

卫律碰了一鼻子灰去向单于报告。单于无奈，只好把苏武关在地窖里，不给他吃喝，想用长期折磨的办法，逼他屈服。

这时候正是入冬时节，外面飘着大雪。苏武忍饥挨饿，渴了，就用雪止渴；饿了，就啃些皮带、羊皮片充饥。过了几天，居然没有饿死。

单于见折磨苏武没用，便把他送到北海（今贝加尔湖）边去放羊，跟他的部下常惠分隔开来，不许他们通消息，还对苏武说："等公羊生了小羊，才放你回去。"公羊怎么会生小羊呢？这不过是要长期监禁他，不让他回汉朝罢了。

苏武到了北海，那里一个人也没有，只有那根代表朝廷的旌节与他相伴。匈奴不给口粮，他就掘野鼠洞里的草根充饥。时间一长，旌节上的穗子全掉了。

公元前85年，单于死后，匈奴发生内乱，分成了三个国家。新单于没有力量再跟汉朝打仗，故又派使者来求和。那时候，汉武帝已死去，他的儿子汉昭帝即位。

汉昭帝派使者到匈奴去，要新单于放回苏武，他谎说苏武已经死了。汉朝使者听信了他的话，就没有再提。

过了几年，汉朝使者又到匈奴去，苏武的随从常惠买通匈奴人，私下和汉朝使者见了面，把苏武在北海牧羊一事告诉了使者。使者非常气愤，他见了新单于，说："匈奴既然有心同汉朝和好，就不应该欺骗汉朝。我们皇上在御花园射下一只大雁，雁脚上拴着一条绸子，上面写着苏武还活着，你怎么说他死了呢？"

新单于听了，吓了一大跳。他还以为真的是苏武的忠义感动了飞鸟，连大雁也替他送消息呢。他向使者道歉说："苏武确实是活着，我们把他放回去就是了。"

苏武出使匈奴的时候才四十岁，在匈奴受了十多年的折磨，胡须和头发全白了。回到长安的那天，长安的人民都出来迎接他。他们瞧见白胡须、白头发的苏武手里拿着一根光杆子的旌节，都很感动，说他真是个有气节的大丈夫，是汉朝的骄傲。

做事讲原则，取义靠精神

人要有气节，气节是人的一种可贵的精神力量。有气节的人往往具有毫不畏惧的勇气和大义凛然的骨气。"富贵不能淫，贫贱不能移，威武不能屈"大概就是民族气节最真实的写照。古往今来，多少英雄豪杰在颠沛的命运中不屈地抗争着，只源于那内心深处的一种正义，一种气节。

战国时期，楚国的屈原忧国忧民，却无法展现抱负，无力挽救楚国的危亡，他默默忍受小人的谗言，他的政治理想无法实现……种种的不幸带给他的是痛苦，然而却从没动摇他为国效力的忠心。他怀着对国家的复杂感情，纵身跃入汨罗江中，随着江水远去……

南宋末年，文天祥兵败被俘。但他在敌人面前抵住诱惑，威武不屈，在天地之间谱写下"人生自古谁无死，留取丹心照汗青"的生命之歌……

抗日战争时期，我国著名戏曲表演艺术家梅兰芳曾受到日军的邀请去演出。他怀着对祖国的满腔热情以及对日寇的愤恨，毅然决定蓄须明志，不为日寇演戏。

抗战胜利后，文学家朱自清家中已一贫如洗，甚至连糊口的粮食都不够。面对美国的救济粮，他不顾家人、朋友的劝说，坚决不肯接受，并声称"饿死也不吃美国的救济粮"！

无论在任何时候，气节都是一种高尚的人格品质，正是这种品质，让拥有它的人的名字闪耀光辉，也正是有了这样一批人，才让一个民族有了精神支柱。

气节也是一个人精神的体现，天有三宝日月星，人有三宝精气神，而人之气当为其大。每个人都爱惜自己的生命，希望追求更多的利益，这本无可厚非，但若时时前怕狼后怕虎，不敢同不良的或危害自己的东西作斗争，那么他的生命便失去了一种真精神，到最后自己想明白的时候，可能都悔之晚矣！

在日常的生活中，我们往往不会涉及到关乎国家民族命运的事情，那么我们就不用讲气节了吗？不是的，也许绝大多数人的一生都跟关乎国家民族命运的气节沾不上边，但这不表明我们不用讲气节。其实，在生活和工作中，在一些原则性问题的考验面前，就能体现出我们是否有气节了。所以，对我们每个人而言，做人讲究好的原则，实际上就是讲气节。

比如，有的人很容易附和别人，也就容易丧失了自我。虽然有时候是因为谦虚，顺从了别人的选择，后来发现，别人选得还没有自己选得好，自己还跟着受罪。这就是因为自己没有讲原则的缘故。

有的人在大事面前虽然也讲原则，但在小事面前却一点也不讲风格，这样也很不好。个人利益、家庭利益、家族利益至上，却不管他人，结果得罪了很多人。更有甚者，在大事面前含含糊糊不讲原则，在小事面前斤斤计较不讲风格，在责任面前想尽一切办法逃避、推脱，在利益面前绞尽脑汁、不择手段争取。凡事有难就让，有利就上，一点风格也不讲，这样的人就是没气节的人，这类人的一生就如同苍蝇一样，做人处世只追逐利益而去，无论香臭。若一直这样下去，不但会落下骂名，还容易在上面栽跟头。

苏武虽在荒凉之地受了十九年的苦难，但他的精神世界无疑是丰富的，为了自己的国家尊严而气节不改，这样的人在古今中外都是非常受人尊敬，且不说苏武最终得以衣锦还乡，国都长安百姓举城出来迎接，而他的故事，更被历史上史学家、文学家、戏剧家一次次地颂扬。而我们讲气节，也不用像苏武那样在漠北苦熬19年，往往是一种精神鼓舞我们，在举手投足间便能做到，何乐而不为呢？

观史悟道

讲气节，讲原则，对我们做人是有好处的。苏武虽受了不少苦，但他活得有意义，有价值，我们不要认为人生的目的只为物质的享受，其实人的最高追求恰恰是精神方面的追求。

光武帝仁德立身定天下

光武帝刘秀之所以能在西汉末的乱局之中拨乱反正，并使天下形势大治，与他过人的人格魅力也是有很大关系的。

刘秀年轻时曾是一个勤劳的庄稼汉，在邻人的眼中，他是个憨厚老实，性情柔和的人。谁也不会想到刘秀会成就大事业。

刘秀的哥哥刘縯的个性与他正好相反。刘秀是"勤于稼穑"，刘縯则是"好侠之士"。刘縯爱打抱不平，处处都表现的比刘秀强很多，在众人的眼中，他是个做将领的人。当刘縯看到弟弟刘秀如此勤于耕作时，就笑着说："你如此辛勤地耕作，就像高祖的哥哥（刘仲）一样。"

汉高祖刘邦年轻的时候，就很不喜欢下田耕作，不学无术，无所事事，只爱交结游侠之徒。刘邦的父亲老骂他不务正业，不如其兄长刘仲会持家。刘邦做了皇帝以后，一次，他请了许多亲戚朋友为父亲祝寿，酒席宴上，高祖说了一些嘲弄父亲的话："早先，大人们都说我不学无术，不能治理产业，如今我成就的产业可比善于稼穑的二哥（刘仲）可多得多呢！"

刘縯用汉高祖刘邦的例子来挪揄弟弟，虽无恶意，但言外之意也是说弟弟没有出息，而自己则是要成大事的人，刘秀对此则置之一笑。后来刘秀赴长安太学求学，虽然资用贫乏，但他能刻苦学习，也树立起了远大的志向。

刘秀勤奋好学，在太学中迅速掌握了渊博的学识和过人的智慧，加上他温和谦虚、机智果断的性格，在长安成了一位极富感召力和个人魅力的人物。

　　刘秀与哥哥刘縯举兵时的一件事就从一个侧面反映了刘秀仁厚的为人。起义之初，人们对刘縯等人的反莽举动怀有恐惧，刘縯为人豪爽豁达，有侠义之风，与黑白两道均有来往。众人对他大都敬而远之，因此刘氏族人对他的举动不敢跟从，大家的立场摇摆不定，或驻足观望，或"亡逃自匿"。但是，当刘秀头带着大帽子，身穿绛红色将军服，仪表堂堂、十分威武地出现在人们面前时，家乡的人们都惊讶地议论道："谨厚者亦复为之！"说谨慎厚道的人也做了这件事，咱们还怕什么呢？于是才纷纷参加了起义队伍，义军由此得以壮大。

　　更始政权建立后，刘秀被刘玄派到河北去平定战乱，初到河北时，曾有人建议他掘开黄河堤，水淹敌对的绿林军，但刘秀念及此举会伤及很多无辜百姓，便严词拒绝了此人的建议。结果这个人立王郎为帝，说是先帝的后代，拉起大旗与刘秀作对，河北各地方势力趋炎附势纷纷响应。敌强我弱，刘秀处境十分艰难，但是刘秀挨过初期的艰难后，靠着他人格的魅力和卓越的才干，成功地站稳了脚跟，并且势力越来越壮大。

　　刘秀以仁德获得了大家的信任与支持，威望日渐高升，从而建立了一个极具向心力的政治军事集团。在后来反对王莽、恢复汉室的斗争中，刘秀的这种人格魅力发挥得极为充分，很好地帮助他一步步走向成功。公元25年6月，刘秀成为皇帝，建立东汉王朝。

　　朱鲔和刘秀有杀兄之仇，刘縯之死，朱鲔是凶手之一，后朱鲔在守洛阳时被刘秀围困，他为保活命，负隅顽抗。刘秀为减少士兵伤亡，毅然决定不再追究前嫌，他指黄河为誓，说只要朱鲔肯投降，以前的事可既往不咎。朱鲔很感动，便出城归降，后刘秀果然没有为难朱鲔，因其建有功勋，朱鲔及其后代还被封侯，此事亦可见刘秀之"仁"和大度的胸怀。

　　在刘秀称帝之前，赤眉、延岑等军攻入长安，生灵涂炭，郡县大族各自拥兵自立，刘秀便派遣大司徒邓禹入关西征。由于邓禹不能平定赤眉军，反被赤眉军所败，于是刘秀改派冯异代邓禹西征。刘秀的车驾送冯异至河南，赐给冯异乘舆和七尺玉具剑，并对冯异下诏令说："三辅遭王莽、更始之乱，重以赤眉、延岑之酷，元元涂炭，无所依诉。今之征伐，非必略地屠城,要在平定安集之耳。诸将非不健斗,然好掳掠。卿本能御吏士,念自修敕,无为郡县所苦"(《后汉书·冯异传》)。此番话很好地体现了刘秀作为一代帝王,其体念百姓疾苦,关怀天下苍生的一颗仁慈之心。冯异听后叩头受命,率军西行,所到之地无所惊扰,并布立威信,士民皆附。不久后敌对的弘农军中便有十多位将军率众归降冯异,愿为汉军效命。

刘秀是在血与火的激烈争战中创立帝业的。在这个过程中,他身边一大批足智多谋、骁勇善战的将军立下了赫赫战功,其中最著名的是"云台二十八将",在东汉政权得到巩固后,这些功臣都得到了合理的安置。他对这些功臣中有较高政治才能的仍加重用,让他们参议国事,如邓禹,此人善于谋略,器量恢弘,刘秀经常对他委以重任;而对那些虽屡建军功却缺少治国才干的功臣,刘秀则不授以实职实权,只让他们享受荣华富贵,悠游享乐以享天年。

刘秀对这些功臣既能用之,又能安之;既督以洁身自爱,又与之其乐融融。相比宋太祖之"杯酒释兵权",朱元璋之尽屠功臣,难怪清初学者王夫之发出"三代以下,君臣交尽其美,唯东汉为盛焉"的赞叹了。

仁德之心最能服人

做人处世怀有一颗仁德之心,对我们的生活、工作都有莫大的好处。刘秀是个宅心仁厚的人,这正是他获得众多将领、谋士、士兵和人民拥戴的一个重要原因。

一个人人格的魅力,也正是靠着其仁德之心来展现,这种魅力也是可以改变他人的。有一位修行的禅师,住在山中的茅屋里。一天,他趁夜色到林中散步,在皎洁的月光下,当他喜悦地走回住处时,却发现自己住的茅屋里有一个小偷正在翻找值钱的东西。为了不惊动那个小偷,禅师就一直站在门口等待。

小偷找了半天也没找到一件值钱的东西,于是决定离开,他出门的时候在门口遇见了禅师。小偷见禅师一声不响地立于门口,吓了一大跳,正惊愕的时候，禅师脱下自己的外套说："你走老远的山路来探望我，我总不能让你空手而回呀！夜凉了，你带着这件衣服走吧！"说着，就把衣服披在小偷身上，小偷不知所措，低着头溜走了。

禅师看着小偷的背影消失在月光下的山林之中，不禁感慨地说："可怜的人呀！但愿我能送一轮明月给他。"

禅师目送小偷走了以后便回到茅屋赤身打坐，渐渐就进入了梦乡。

第二天，禅师在从窗户射进来的阳光温暖地抚触下睁开眼睛，走出屋门后，却看到他披在小偷身上的外衣被整齐地叠好放在门口。禅师非常高兴，喃喃地说："是的，我的确送了他一轮明月！"

上面的这个故事很有禅意，禅师所谓的"明月"，其实就是一颗博爱的善心，这个故事也告诉我们：一个人的仁德行为可以带给人一种不可言喻的亲和力，督促人作出正确的改变。

人的仁德，其实也像花的芳香一样，能让闻到的人陶醉，所以仁德待人的人也能深得别人的喜欢，使别人对他饶有兴趣。但今天社会上有许多的人，明显缺乏的便是仁义待人的兴趣，一些年轻人因所受的传统道德教育较少，不懂仁义待人的好处，所以他们在应酬人际关系时，既不具备天生的人格魅力，又不去努力做到与人为善。

汽车大王福特曾说过："了解人性的最好方法，便是与人要好。"一旦我们对人的同情心日渐滋长，那么仁德之心便自然而来。这种事情并不难做，只要我们多加小心，明白我们应该怎么做，不该怎么做，就能发挥我们健全人格的威力，成为具有魅力的人，成为获得好感的赢家。

观史悟道

现代社会中，个人的形象和气质风度越来越受到人们的重视。但是人的魅力中最重要的并不是外表的形象所产生的魅力，而是人格所产生的魅力。人格的魅力，是人的内在心灵和德行美的外在表现，能在无形中产生一种强大的感召力和说服力。因此领袖的个人形象和气质风度也非常重要。

刘备德行素著名播天下

蜀汉昭烈帝刘备的军事和治国才能可说是远不及魏武帝曹操，但他却能收揽关羽、张飞、赵云及诸葛亮、法正、李严等一群文武奇才，皆因其以德服人使然。曹操欲以威服人，人心不服；刘备欲以诚感人，人皆感动，这也说明以德服人才是真正的大智慧。

刘备的宽厚仁德，曾为他带来无尽的好处。如刘备在得到徐庶相助后，待他如师长，后徐庶的母亲为曹操所拘，徐庶不得不去曹操那边，而刘备大义放其而去，没有丝毫为难他，还出城几十里相送。这一不忍相舍之情怀，终使得徐庶一生没有为曹操出一条计谋，并且还走马荐诸葛，请诸葛亮出山相助刘备。

除了以德服人，刘备还善于"哭"。隆中对后，刘备便请诸葛亮出山相佐，诸葛亮不从，刘备大哭，"泪沾袍袖，衣襟尽湿"。诸葛亮见其意甚诚，大为感动曰："将军既不相弃，愿效犬马之劳"。如果刘备听从张飞之言，"他如不来，用一条麻绳缚将来"，结果只能得诸葛亮之身，而难得其心，正如曹操之得徐庶。

刘备发兵西指，刘璋亲自到涪城来迎接他。内应张松、军师庞统多次建议刘备在涪城行事，刘备却是执意不从，他正气凛然地说："季玉（刘璋）是我的同宗，诚信待我，更因我初到蜀中，恩信还尚未确立，若行此事，上至天不容，下至民之怨。你的这一计谋，就是霸者也不能这么做。"刘备说的很有道理，如果真的在涪城设下"鸿门宴"，定要失信与川地之民，如此一来，后面的麻烦就大了。正所谓好事多磨，事缓则圆，万事不可急就。

刘备通过在下属和百姓中广播仁义，终由一个卖鞋小贩奋斗到三分天下有其一的蜀汉皇帝。临终前，他还不忘叮嘱刘禅要"勿以恶小而为之，勿以善小而不为，唯贤与德，能服于人"，因为这正是刘备一生的成功心得。

以德服人者，人尽服也

在"以德服人"方面，三国时期的刘备做得非常好。正因其"以德服人"，才能以弱势卓立于乱世之中，使得天下英才来归，独占人和，并得以三分天下。

古人说：以德服人者，人尽服也。的确是这样的，仁德待人是成功者高妙的做人技巧，也是做人做事所需要的一种大智慧。作为政治家、领袖人物，宽厚、仁义、忠诚都是指引成功的最高法宝。

蒙牛的总裁牛根生在这方面就是榜样。牛根生被伊利的高层辞退后，为什么能迅速招徕一批人创建蒙牛，并使蒙牛迅速崛起呢？就因为牛根生能以德服人，无论是在伊利，还是在蒙牛，牛根生面对利益总是先人后己。宁肯自己吃亏，也决不让跟随自己的人吃亏，以这样的处世方式待人，那么谁会不喜欢呢？所以牛根生无论是在伊利还是在蒙牛，都是一呼百应，人人都愿意跟着他做事，即使自己吃些亏也乐意。

反观某些人在某方面堪称能人，却因为自身人格问题而被历史钉在耻辱柱上：秦桧是中国历史上有名的奸臣之一。他发明了宋体字，本来应该命名为秦体的，鉴于他的人品，就命名为宋体了。所以说，不管是在基层工作，还是处在领导岗位，我们都要抱着"以德服人"的态度，让自己的人格得到洗涤和升华。

观史悟道

"德"就是一个人的道德修养、品质和操守。以力服人只能使人慑服，以才服人可以使人折服，而以德服人则使人心服。古人很重德行，孔子说：其身正，不令而行，其身不正，虽令不从；君子喻于义，小人喻于利；君子怀德，小人怀土；见贤思齐焉，见不贤而内自省也。就是这个道理。朋友之间，"德"字就尤为重要，无"德"将会使朋友彻底认清其嘴脸，成为孤家寡人无人理睬，有"德"友谊之树才能常青。

赵子龙勇气过人独退曹兵

赵云是东汉末和三国时的著名将领，字子龙，常山真定（今河北石家庄正定市）人，刘备手下的大将。公元215年，刘备与诸葛亮从蜀地率军进攻汉中，赵云、黄忠、严颜等人为先锋，一路势如破竹。

曹操派夏侯渊、张郃等人前去迎敌。黄忠和赵云察看敌情后，发现北山竟有数千万袋曹军军粮，堆积如山。黄忠认为可趁机夺取这些军粮，但赵云认为曹操惯于烧敌人的粮食，对自己的军粮不可能不防备，建议他不要这么干，但黄忠坚持要去，赵云怕他有失，便与他约好正午时分返回，不然就率军去救，黄忠便与副将领军出击，赵云镇守大营。

赵云等到午时，等不到黄忠回，引三千军向前接应；临行之时，让副将坚守营寨，并在两旁多设弓弩，以防万一。结果走了不远，果然碰上曹操派出的大军，赵云遭到曹军先锋部队的攻击，但他毫无惧色，驱马直杀往前去，连斩敌军两将，他杀散余兵，直至北山之下，见张郃、徐晃两人正围住黄忠厮打，不少蜀军被围困其中无法出来。

此时，赵云大喊一声，挺枪驱马，杀入曹军重围，左冲右突如入无人之境，曹兵纷纷败退逃窜，张郃、徐晃二将见是赵云冲来，不由心惊胆战不敢迎战，眼看着赵云救出黄忠，冲阵而走，所到之处无人敢拦。

曹操在高处望见赵云所向无敌，惊问众人那人是谁？有认识的人告诉他说是常山赵子龙，曹操叹服地说：昔日当阳长阪坡的英雄又来了啊，急忙传命诸将不许轻敌。

赵云救出了黄忠一军，杀出了曹军的包围圈重围，又发现东南角激战正酣，有军士告诉他说东南角被围的必是副将张著。赵云听了便让黄忠一军退回大营，自己却不回本寨，直往东南面杀来，所到之处曹军无人能挡，于是赵云又救出了受伤的张著，带领他们退回营寨。

曹操见赵云东冲西突，所向无敌，先救了黄忠，又救了张著，不由愤然大怒，便自领左右将士来追赵云。这时赵云已杀回本寨，守寨的张翼接着赵云后，望见他后面尘烟四起，知道是曹兵追来了，便对赵云说："曹军快追到了，咱们闭上寨门，上敌楼防护吧。"

赵云觉得这样的话，可能会使曹军围寨，这样己方就出入不便，形势就不利于自己了，便对张翼说："不用闭寨门，我单枪匹马还不怕曹兵，现在有军有将，又有营寨防护，害怕什么？我们不妨用计吓跑他们。"于是赵云拨弓箭手于寨外壕中埋伏；又命人将营内旗枪都放倒，也不擂鼓鸣金。而赵云却匹马单枪立于营门之外。

这边张郃和徐晃率领曹兵已追至赵云的营寨，此时天色已暮；二将见寨中偃旗息鼓，寨门大开，又见赵云匹马单枪立于营外，二将不敢前进，正疑惑之时，曹操也来了，他正气愤赵云救走了黄忠和张著，便催督众军前去攻营。

曹军听令后大喊一声直杀奔营前，却见赵云屹立如山巍然不动，曹兵不由心虚，冲在前面的人怕死在赵云枪下，翻身就往回跑。赵云趁机把枪一招，营外壕中弓弩齐发，喊声大震，鼓角齐鸣，曹军正不知蜀兵多少，曹操先害怕了，拨转马头就往回跑，蜀兵冲出大营大举进攻。曹军惊骇，以为敌军伏兵杀来，返身仓皇逃窜，自相践踏，有不少人还坠入了旁边汉水中淹死。而赵云又趁机和黄忠、张著二将各引一队人马追杀。

曹军惶惶四散逃窜，曹操正奔走间，忽遇蜀军将领刘封和孟达率兵从米仓山路杀来，曹操只好弃了北山粮草逃往远离蜀军的南郑城中，徐晃与张郃也被蜀军冲散只好弃营而走。赵云便占了曹寨，黄忠得了粮草，并捡了曹兵军器无数，蜀军大获全胜。

刘备听说赵云的英勇后，次日特意亲自来到赵云兵营察看昨日赵云立马横枪之处，看了山前山后险峻之路，不由赞叹说："子龙一身是胆也！"于是封子龙为"虎威将军"。

由此可以看出，有时，勇气比理智还要重要，如赵云在面对曹操的大军攻营时，若是理智性考虑，肯定不会以自己弱小的力量对抗曹操的大军，正是勇气的驱使，赵云敢与曹军一较高下，结果靠气势便取得了胜利。

困难面前勇者胜

勇气是人类最重要的一种气质，倘若有了勇气，人类其他的特质自然也就具备了。赵云武艺过人，他敢在军营门前匹马单枪卓然而对数万曹兵，靠的就是一种与智慧相结合的智者的勇气，这种勇气也最终帮助蜀军取得了胜利。

人们常说"狭路相逢勇者胜"，其实不但如此，在与困难的较量中，也往往是勇者胜利。勇气不光是在战斗或比赛才需要，在日常生活和做事业时也一样需要。现实中，我们也经常能发现许多乍看起来不可能实现的事情，最终都出乎意料地变成了事实，这是因为人们常把这种成功归结为遇到困难时积极进取，即我们所说的努力，其实不单是这样的，勇气在其中也起了很大的作用。

如果胆小怕事，犹豫不决，那么我们就会觉得任何事情都是不可能成功的，并且我们会认为主要是事情本身不可能实现。这主要是我们在先前便被它吓怕了，以至没有胆量去做事情，倘若我们能鼓起足够的勇气，下决心将事情做好，那么我们往往就能达到目的。这也说明：不进行英勇无畏地奋斗，是不可能取得真正有价值的成就的。

在处世之时，勇气一样能发挥它的重要作用。许多成功者也都是因为敢想敢做才得以成功的。比尔·盖茨在看到了软件产业的光明前景之后，毅然放弃了在哈佛大学深造的机会，开始了自己的创业之路。后来，他建立了微软公司，成为世界软件产业的龙头老大，自己也由此成为世界首富。

观史悟道

勇气就是在你心里恐惧到了极点时，藉以采取必要行动的一种能力。在做事情时，我们必须有勇气去冒必要的危险，去行动。丧失财富的人损失很大；可是丧失勇气的人，便什么都完了。

祖逖勤而有志为国建功

我们常用"闻鸡起舞"来形容人的勤奋，这个词语来源于一个叫祖逖的人，他生活在西晋和东晋之交，字士雅，范阳遒（今河北涞水）人。他的父亲早逝，生活由几个兄长照料。祖逖为人豁达磊落，很讲义气，好打抱不平，常常以他兄长的名义，把家里的谷米、布匹捐给受灾的贫苦农民，深得邻里好评。

但小时候的祖逖却很活泼贪玩，15岁时还没读进多少书，几个哥哥为此都很忧虑。到18岁时，祖逖像是突然开了窍，开始励志读书，鸡鸣之时便起床舞剑，天亮后学习经书，四五年内，便已博通今古，武艺高超。他常到京城洛阳去，向有学问的人求教。凡是见到过他的人，都不由赞叹说:"这个人将来一定是个人才!"

祖逖24岁那年,担任了司州(今河南洛阳)主簿之职。祖逖有一个叫刘琨的同事,是汉朝宗室中山靖王刘胜的后代。他们两个人因为意气相投,成了好朋友,经常在一起谈论时事,谈建功立业,报效国家等,一谈就是大半夜,夜深了,就一起睡着了。常常是刚刚入睡,鸡便开始叫了起来,祖逖便叫醒刘琨说:"鸡都叫了,还能安稳地睡觉吗?"于是取过双剑,就在庭院中舞起来。刘琨也赶紧起床取了双剑,和祖逖对舞起来。

这时的西晋皇帝是晋怀帝司马炽,他是个傻子皇帝,在位期间基本是由皇后贾南风专权,爆发了"八王之乱",中原一带经过多次战争的摧残,变得人烟稀少,永嘉五年(公元311年),刘聪又派大将王弥、刘曜攻陷洛阳,纵兵抢掠珍宝,焚烧宫室、庙宇,挖掘陵墓,杀晋太子铨及官吏、百姓三万多人,晋怀帝被俘,西晋随之灭亡。

这时,祖逖带领亲族、邻里几百家人向南方逃难,几经辗转,来到淮泗(今安徽省境内)。一路上,他让老人和病人坐在自家的马车上,他自己则步行。所有的粮食、衣服、药物都作为公用。遇到散兵游勇骚扰,都是他带人去和他们纠缠,遇到土匪抢劫,是他带人去把他们打退。因此,他自然地成了这支逃难队伍的"总领队",大家都听他指挥。

公元317年3月,司马睿在建康(今江苏南京)称晋王,第二年称帝,这就是东晋王朝。司马睿闻知祖逖流亡到泗口(今江苏铜山县),便派人任命他为徐州刺史。不久,又任命他为军谘祭酒,调他驻守丹徒之京口(今江苏丹徒县内)。

晋元帝司马睿也是个平庸的人。当时北方中原地区大部已为占领,司马睿只想偏安一隅,图取眼前安乐,不思北伐。祖逖向晋元帝进谏说:"中原大乱,两京颠覆,都是因为藩王争权夺利,自相残杀,遂使戎狄有机可乘。现在中原百姓遭受异族掳掠,心怀激愤。如果能委派战将北上,一定能得到中原百姓的响应。"

晋元帝采纳了祖逖的建议,任命他为奋威将军,豫州刺史,只给他1000人的粮食,3000匹布,却不发给他铠甲,要他自己去招募兵士。祖逖只带了跟随他逃难而来的一百来个人,租了几只大船,横渡长江北上。船划到河中间时,祖逖站在船头,望着滔滔江水,不禁感慨万千。这时他已年过五旬,回想起青年时代与刘琨闻鸡起舞的情景,恍如昨日。而中原地区先是藩王混战,后受匈奴铁骑的蹂躏,山河一片破碎。现在虽受命去收拾旧山河,但豫州刺史是一纸空文,3000兵士是一个空诺,所有的就是眼前这三四十个青壮年,一百来老少。但是,头可断,志不可灭。只要有当年的志气在,定能开辟一个新天地。祖逖拔出佩剑,敲着船桨,发誓说:"我祖逖如果不能廓清中原,决不返渡!"言辞壮烈,同行者都深受感动。

渡江后,祖逖带人停留在淮阴。他在这里铸造兵器,招募壮士,很快招募到2000人。祖逖然后带领这支2000多人的队伍北进,首先占领了谯城(今安徽亳县)。祖逖行兵打仗,除了善于谋略,还严于律己,生活也非常节俭。只要有人立功,他便立即奖赏,不等明天。在驻防地区,他不仅督促、帮助百姓搞好农业生产,还督促自己的子弟参加生产劳动,自己打柴烧。中原久经战乱,到处有无主尸骨,祖逖派人收葬,还进行祭奠。所有这些都使百姓深受感动。

当时北方主要的军事势力是石勒,他自称赵王,建都襄国(今河北邢台县)。祖逖连续攻破了石勒军支持的堡、坞等割据势力,击败了石勒的援军,派部将韩潜进驻封丘(今河南封丘),自己则进驻雍丘(今河南杞县)。这一来,整个黄河以南土地都被祖逖收复,重归于晋朝管辖。

勤奋是鼓舞志向飞腾的翅膀

人的志向和寄托,是保持心理健康的重要因素之一。人的一生因找寻寄托而充满希望,因有所寄托而勇敢和执著,因失去寄托而无聊和浮躁。所以人的志向和寄托是对人生的前途及事业目标的追求,对幸福快乐的追求,对理想的追求,对人生价值的追求。把精力寄托在事业和正当有益的爱好上,有意义地充实生活内容,开辟和拓宽生活领域,这样的健康人生才是快乐的人生。

古人也说,"志不立,天下无可成之事"。一个人有志向,有信念,才会有热情、有胆魄、有坚韧不拔的毅力。非凡的志向产生非凡的勇气,有了坚定的志向才能有所作为。

　　祖逖的时代已离我们远去，但他闻鸡起舞、击楫中流的精神却照耀着一代又一代人为理想而努力奋斗。我们现在的生活条件变好了，我们更应该有志向，我们的志向应该使自己成为建设现代化的社会主义祖国的有用人才。

　　有了志向，也要能勤奋，不然就是空有志向。因为勤奋是鼓舞志向飞腾的翅膀，不勤奋追求，有再大的志向也是白搭。祖逖之所以被后世人一直传诵，就在于他不但有志，更能勤于做事。人们常说"一勤天下无难事"。这句俗语真实地道出了勤奋的巨大作用和价值。勤奋会使人生充满生机。无论什么时候，勤奋都是一种永远不能忽视的力量，因为只有它可以帮助我们战胜前进路上的困难，解决我们曾认为解决不了的问题。

　　趋乐避苦是人的本性，它时常如同影子一样企图桎梏人的心灵。正如歌德所说："我们的本性趋向于懒惰。但只要我们的心向着勤奋，并时常激励它，就能在这活动中感受真正的喜悦。"每个人都在为满足自身的某种或某些物质与精神的需要，包括物质生活条件、安全、交际、事业、成就、自尊、实现生命价值等，而要克服这些需要与环境之间的矛盾，战胜环境对实现这些需要的阻碍，就需要我们勤奋劳动，通过坚持不懈地勤奋，我们一定能战胜任何困难。

　　高尔基曾说过"一个人追求的目标越高，他的才力就发展得越快，对社会越有益。"人的意志可以发挥无限力量，可以把梦想变为现实。信心就是创业的动力，勤奋则是前进的车轮，想要成就事业，就要努力，埋头苦干、勤勤恳恳、刻苦耐劳、坚韧不拔，而好逸恶劳、好吃懒做、缺乏毅力都是不可能达到成功的，因为不经过努力奋斗，成功和幸福就不会降临到你的身边。努力吧朋友！直到实现你的人生志向。

观史悟道

　　做人要有精神，要有志向，这样活得才有意义。人的生命是有限的，有限的生命需要寄托，生活需要寄托，心灵需要寄托，感情需要寄托。把志向寄托在事业和正当有益的爱好上,有意义地充实生活内容,开辟和拓宽生活领域,这样的健康人生才是快乐的人生。

谢安悠游之间败前秦

东晋时期的名臣谢安,为人可谓雅量高致,他遇事冷静、临危不乱的气度,一直是史上佳话。

当时,北方的前秦在符坚的治理下日益强盛,便经常用兵去骚扰东晋。面对强大的前秦军队,东晋军队在与其交战中屡战屡败,很令东晋君臣上下忧心。

东晋太元八年时,符坚亲自率领百万大军南下,志在吞灭东晋,一统天下。前秦大军驻扎在淮淝一带,声势浩大。军情危急,东晋朝野上下顿时一片震恐,时任东晋宰相的谢安受命于危难之际,被任命为征讨敌军的大都督。

前秦大军将至,东晋很多人都乱了阵脚。唯有谢安依然镇定自若,他先是派了弟弟谢石、侄子谢玄、桓伊等人率八万东晋士兵前去抵御。在临行前,谢玄向谢安询问后勤方面的对策,谢安只是简单地回答了一句"我已经安排好了"便绝口不谈军事。大家认为他都计划好了,便没有后顾之忧地上了路。

将士们行军走后,谢安便邀请朝中的一些主事大臣在山野之间游玩,丝毫没有忧心战争的样子,众人觉得战局仿佛早就已经在他的掌控之中了,也就没有太多顾虑。

当谢玄率领的晋军在淝水之战中以少胜多，大败前秦的捷报送来时，谢安正在与客人下棋。他看完前线的捷报，便随手放在自己座位的旁边，脸上没有任何喜形于色的神情，依然不动声色地继续与客人下棋。

客人憋不住问他前线有什么最新消息，谢安淡淡地说："没什么，孩子们已经打败敌人了。"直到下完了棋，客人告辞后，谢安才抑制不住心头的喜悦疾步走回内室，由于太兴奋了，门槛把木屐底上的屐齿碰断了，他都没有察觉。

其实谢安是做了周密的安排的，他让侄子谢玄训练出了战斗力很强的北府兵，并就如何对付前秦军队事先给出了部署和指挥方针，虽然他表面上不露声色，其实内心里却是十分忧虑的，他的不动声色，目的是为了稳住东晋朝廷上下的局面，使大家不至惊惶失措而自乱阵脚，所以他的沉着冷静，也是要稳住后方的局面，为前线打仗创造有利条件。

临事要静，闲暇多思

在突发事件面前，做到临危不乱是非常重要的。因为在困难的时刻最重要的就是要保持冷静，如果不能很好的控制自己，很可能会让事情更加复杂，难以处理。

在上面的故事中我们可以看出：淝水之战中，无论是战前情况不明，胜负不分，还是胜利的捷报传到了军帐，谢安都是气定神闲，对弈如故，喜怒不显于色。这不仅是一种极高的品格修养，更是一种过人胆识与博大胸怀的体现。当情况瞬息万变、常人束手无策的时候，谢安以静制动，以不变应万变，从而稳定了军心，成为东晋取得胜利的强大精神支柱。

我们大多不会遇到像谢安那样关系国家存亡的大事，但人生之中，不如意的事情也是常常发生的，不管是大事情，还是鸡毛蒜皮的小事，都会对以后的生活造成影响，那么我们如何应对呢？最好是做到临危不乱，保持冷静，而在闲暇时候，则应多思多算，以备不测。

在比利时的首都布鲁塞尔市中心的埃杜弗小巷里，矗立着一个在撒尿的小男孩的雕塑。这个雕塑来源于一个真实的故事。那是还在500多年前，布鲁塞尔人民在一次战争中打败了侵略者，大家都聚集到市政厅前庆祝胜利，载歌载舞。这时，谁也不知道有一个侵略者的特务溜进了市政厅的地下室，在这里堆放了许多火药，并用一条导火线接到外面，点着火后逃跑了。那些火药如果爆炸，足以炸掉整个市政厅大楼，那么很多在上面欢庆的人们就会死伤。

一个叫于连小男孩在地下室外面的通道里玩，发现了这导火线上危险的火花，当时他很好奇这线是哪里来的，便跑到终端去看个究竟，一看吓一大跳，原先连的是火药，看来有人要搞破坏，他抓住导火线使劲拽了拽，却拽不断，此时已经来不及叫大人们，也来不及找水灭火，怎么办？小于连没有急晕头，他冷静地思考了一下，忽然想到可以用尿浇灭火花，便赶紧对着导火线撒了一泡尿，火花终于被浇灭了，小于连松了口气，一场灾难也避免了。人们知道这件事后，都认为他是个机智的小英雄，为了纪念他的勇敢事迹，大家在市中心给他塑了座铜像。

有的人遇到不好的事情时会紧张得手足无措，有的人则会大发脾气。这种遇上困难就心理紧张或者发脾气会在很多方面给我们带来不利的影响。首先，对身体健康不利，很容易引起心脏病和压抑症状。另外，很可能给自己的工作和人生目标带来消极影响。也会不像以前那样轻易地朝着自己的目标前进。

那么，我们如何做到处乱不惊，时刻保持冷静、清醒的状态呢？首先我们要能在事情来临时认真思考，这是非常重要的一步，在做出行为前，冷静地考虑周围的情形，事情将会在你自己的掌控之中；其次是要做好自我反思，将会使自己对事情的看法更加清楚，也会更好地帮助自己解决问题。再就是要做好自我调节，要看自己会不会经常有些消极地想法，经常消极地看待问题？如果是的话，就要及时调节自己，要知道，消极的想法只会让问题更加地难以处理！所以要想办法转移自己的消极想法。

观史悟道

一个人要做到沉稳机智，不卑不亢也不是很容易，这来自于平时修养的锻炼,而遇事不慌乱来自于胸有成竹的自信,或者多见多闻的阅历,拥有这些素质的人在紧急情况中能气定神闲,我们要成为这样的人,就要保持一颗平常心,从容应对突发事件,理智解决面临的难题。

皇甫绩以诚立身做高官

皇甫绩生活于北周和隋朝时期,曾是隋朝有名的大臣,辅佐隋文帝杨坚,很有功劳。

皇甫绩三岁的时候父亲就去世了,母亲一个人难以维持家里的生活,就带着他回到娘家住。他的外公韦孝宽见他聪明伶俐,又没了父亲,因此就十分偏爱他。

韦孝宽家是当地很有名望的人家,家里很富裕。由于家里上学的孩子多,韦孝宽就请了个教书先生,办了个自家私塾,皇甫绩就和表兄弟们都在自家的学堂里上学。

韦孝宽在教育上很严格,尤其是对他的孙辈们,更是严加管教。他在开始时就对孩子们立下规矩,谁要是无故不完成作业,就按照家法重打二十大板。

有一天,上午上完课后,皇甫绩和他的几个表兄躲在一个已经废弃的小屋子里下棋。因为贪玩,不知不觉就到了下午上课的时间,而大家都忘记了要做老师上午留的作业。

韦孝宽第二天知道了这件事,他把几个孙子叫到书房里,狠狠地训斥了一顿。然后按照规矩,每人重打二十大板。

外公看皇甫绩年龄最小，平时又很乖巧，再加上没有爸爸，不忍心打他。于是就把他叫到一边对他说："你还小，这次我就不罚你了。不过，以后不能再犯这样的错误。不做功课，不学好本领，将来怎么能做大事情？"

皇甫绩和表兄们相处得很好，小哥哥们也都很爱护他。看到小皇甫绩没有被罚，心里也并没觉得爷爷偏心。可是，小皇甫绩心里很难过，他想：我和哥哥们犯了一样的错误，耽误了功课。外公没有责罚我，这是心疼我。可是我自己不能放纵自己，应该也按照原先的规矩，被重打二十大板。

于是，皇甫绩就找到表兄们，求他们代外公责打自己二十大板。表兄们一听都很吃惊，接着都笑他傻，但皇甫绩却一本正经地说："这是私塾里的规矩，我们都向外公保证过触犯规矩甘愿受罚，不然的话就不遵守诺言。你们都按规矩受罚了，我也不能例外。"

表兄们听了觉得在理，但都不好意思打他，而皇甫绩则一再坚持要受罚，大家都被皇甫绩这种信守规矩、诚心改过的精神感动了，于是大家就代替爷爷拿出戒尺打了皇甫绩二十大板。

皇甫绩个性诚实，学习勤奋认真，阅读了大量的经史书籍，在几个表哥中出类拔萃，后渐以博学闻名天下。鲁公宇文邕听说后，将他招为侍读，又调为宫尹中士。北周武帝时，卫剌王发动宫廷政变，皇甫绩不顾个人安危救护了太子，因此得到了周武帝的赏识和重用，升任小宫尹，侍奉太子。那时，北周政权正处在上升阶段，消灭北齐，统一了北方。宣政初年，皇甫绩受封为义阳县男，任御正下大夫。

北周宣王死后，外戚杨坚辅政，决断朝廷事务，皇甫绩等人是重要谋臣，后来他帮助杨坚建立了隋朝，致力于国家的重新统一，官职上则相继任豫州刺史、尚书，后又出任晋州刺史、苏州刺史、信州总管等。因为能诚实守信，办事认真负责，隋文帝很赏识他，在文武百官中他也享有很高的声望。

诚实是做人最好的"名片"

唯有诚实做人，对事对人都认真负责，我们才能赢得他人的欢迎，才能将要做的事情做好。古语说：天下无不可化之人，但恐诚心未至。天下无不可为之事，只怕立志不坚。意思就是天底下的事情只要诚心到了，就没有做不成的。

有一位饭店员工，在一天工作后打烊时，发现了一个皮包，里面有数万现款，还有首饰等贵重物品，但他并没有将其据为己有，他知道失主一定很着急，就开着店门等失主。两个小时后，失主风风火火地跑来了，看到这位店员坐在那里等他，顿时感动得热泪盈眶，他拿出部分现金感谢这位店员，但店员却坚决不收。之后失主便成了这家饭店的常客，见到老板就夸奖这位店员。老板也觉得这位员工诚实勤恳，就升他为大堂经理，薪水也加了一倍。后来饭店开分店，老板还让了做了总管。

还有这样一个人，他普通大学毕业，也很有能力，但他虚荣心极强，觉得自己的本科学历让他很没面子，于是就花200元买了个"北京大学"的假文凭，并凭此混进了一家大公司，四处吹嘘他是北大毕业。但公司查证后认为，该人能力虽然能胜任工作，但其缺乏一颗讲究诚信的心灵，还是辞退了他。

以上故事无不告诉我们：没有诚心的人是不会受到欢迎的。即使有些人平时待人热诚，工作积极主动，一旦受到一些不良的引诱，缺乏诚心注定了他将抛弃原则，于是背叛就成为一种可能。没有人喜欢这样的朋友，老板永远也不会信任这样的员工，社会也最不需要这样的人。

观史悟道

一个人必须有诚实正直的心态，因为真诚的心和敬爱的态度能决定这个人的品质和在专业上的成就。如果一个人对什么事情都充满虔诚，不管是态度还是做法上都抱着一颗诚心，那么任何事情都会战无不胜。

狄青出身寒门做大将

北宋时期，在西北地区，党项人建立了西夏，他们的军队经常骚扰宋朝的西北边境，朝廷便将任参知政事之职的范仲淹调到陕西负责防务。

范仲淹刚到这里，便有人向他们推荐一个叫狄青的小伙子，说此人英勇善战，有大将的才干。范仲淹正需要将才，听了这话很感兴趣，要部下把狄青的事迹详细说一下。

原来，狄青本是京城禁军里的一个普通兵士，从小练得一身武艺，骑马射箭，样样精通，加上胆大力壮，后来被选拔做了小军官。

西夏的元昊称帝以后，宋仁宗派禁军到边境去防守，狄青被派到陕西保安（今陕西省志丹县）。不久，西夏兵进攻保安。保安的宋军多次被西夏兵打败，兵士们一听说打仗都有点害怕。守将卢守勤为了这件事正在发愁，狄青却主动要求让他担任先锋，抗击西夏军。

卢守勤见狄青愿意当先锋，自然高兴，就拨给他一支人马，跟前来进犯的西夏军交战。狄青每逢上阵，便先换了一身打扮。他把发髻打散，披头散发，头上戴着一个铜面具，只露出两只炯炯的眼睛。他手拿一支长枪，带头冲进敌阵，东挑西杀。西夏兵士自从进犯宋境以来，没有碰到过这样厉害的对手。他们看到狄青这副打扮，已经胆寒了。经狄青和宋军猛冲了一阵，西夏军的阵脚大乱，纷纷败退。狄青带领宋军冲杀过去，打了一个胜仗。

捷报传到朝廷，宋仁宗十分高兴，把卢守勤提升了官职，狄青提升四级。宋仁宗还想把狄青召回京城，亲自接见。后来因为西夏兵又进犯渭州，调狄青去抵抗，不得不取消了召见的打算，叫人给狄青画了肖像，送到朝廷去。

以后几年里，西夏兵不断在边境各地进犯，弄得地方不得安宁。狄青前后参加了25次大小战斗，受了8次箭伤，却从没有打过一次败仗。西夏兵士一听到狄青的名字，就吓得不敢跟他交锋。

范仲淹听了部下的推荐，立刻召见狄青，问他读过什么书，狄青出身兵士，识字不多，要他说读过什么书，他答不上来。范仲淹劝他说："你现在是个将官了。做将官的如果不能博古通今，只靠个人的勇敢是不够的。"接着，他还介绍一些书让狄青读。

狄青见范仲淹这样热情鼓励他，十分感激。以后他便利用打仗的空隙时间刻苦读书。过了几年，他把秦汉以来名将的兵法都读得很熟，又因为立了战功，不断得到提升，名声更大。后来，宋仁宗把他调回京城，担任马军副都指挥。

宋朝有个法律制度，为了防止兵士开小差，执法部门会在兵士的脸上刺上字。狄青当小兵的时候也被刺过字。过了十多年，狄青当了大将，但是脸上还留着黑色的字迹。

有一次，宋仁宗召见他以后，认为当大将脸上留着黑字，很不体面，就叫狄青回家以后，敷上药，把黑字除掉。

狄青说："陛下不嫌我出身低微，按照战功把我提到这个地位，我很感激。至于这些黑字，我宁愿留着，这样兵士们见了，也会知道该怎样上进！"

宋仁宗听了，很赞赏狄青的见识和做法，便更加器重他了。后来，因为狄青多次立功，便将他提拔为掌握全国军事的枢密使。一个小兵出身的人当上枢密使，这是宋朝历史上从来没有过的事。有些大臣嫌狄青出身低，劝仁宗不该把狄青提到这么高的职位，但是宋仁宗这时候正在重用将才，没有听这些意见。

狄青当了枢密使，有人总觉得他的出身和地位太不相称。有一个自称是唐朝名相狄仁杰后代的人，拿了狄仁杰的画像，送给狄青说："您不也是狄公的后代吗？不如认狄公做祖宗吧！"

狄青谦虚地笑了笑说:"我本来是个出身低微的人,偶然碰到机会得到高位,怎么能跟狄公高攀呢。"那人只好作罢。

但宋朝最忌武将做高官,所以狄青任枢密使之职后,也受到了不少朝廷重臣的攻击,仁宗虽信任狄青,但经不住大臣们轮番地劝说,只好罢黜了狄青的军权。后来狄青在忧郁中病死,年仅49岁。宋仁宗得知后悲痛万分,赠官中书令,并亲自题其碑曰"旌忠元勋"。

立大志,做对事,成大功

俗话说:英雄不怕出身低,贫寒人家出富豪。成功者与失败者,往往仅是一步之遥、一分之差。高一步立身的追求,往往就能使一个人成为人生的强者和赢家。英雄不怕出身低,只要敢于给自己定志向,给自己设立一个远大的目标,并努力去做,就有美梦成真的一天。

在今天以经济发展为中心的社会里,可以说人人都想致富,但却并非人人都成了富豪。对于已成为富豪们的人算不算英雄也并不重要,成为富豪也不是成功的唯一标志,但能合法地成为富豪肯定是很多人梦寐以求的理想。那么,这些富豪们是怎么成为了富豪的呢?我们来看下面这个小故事:

在德国,有位百万富翁,在临死时立下了一份遗嘱:他把自己的一大部分财产设立了一笔奖金,并提出了一个问题:"穷人为什么穷?"并把奖金和答案放在一家银行里。在他死后就向社会征集问题的答案,若有人猜对了答案,就会获得这笔不菲的奖金。

不用说,有很多人都参与了问题的竞答,但让人意想不到,竟被一位年仅9岁的小女孩获得了这笔奖金。她猜对的答案是:穷人之所以穷,是因为他们缺乏"野心"。人们无不惊奇,问她为什么猜对时,这位小女孩说我自己也不知道。但有一次姐姐带她的男友来家里时,她对我警告说你可千万不要有什么野心。于是,我想野心这种东西,竟然会使比我大的姐姐如此害怕,它肯定就具有某种神奇的力量了。

这个故事形象地说明了富人致富的奥秘所在。其实,故事里穷人的"野心"就是决心与志向。一个人,只要你不甘平庸和贫穷,敢于立志在自己的事业上获得成功。那么，无论你是什么出身，无论你有一个富爸爸还是穷爸爸，无论你是否有关系资源，只要你有志向、有决心、有能力、有敢于执行的意志，那么成为一个千万甚至亿万富豪也是完全可能的。

近年来随着市场经济的发展，涌现出一批又一批的富豪。比如，农民企业家鲁冠球就出身贫寒，15岁便辍学从工，还做过打铁匠；上世纪80年代只身到深圳创业的农家子弟、现为全国政协委员的广东富豪缪寿良；还有四川新津一个普通家庭出来的现在知名富豪刘永行、刘永好兄弟等等，他们的财富均有几十亿元之多。

上面所列举的富豪们，既没有祖上留下来的遗产，又没有值得炫耀的高学历，他们完全是靠自己不甘平庸的志向，登上了人生成功的巅峰。

明代名士洪应明《菜根谭》中说："立身不高一步立，如尘里振衣、泥里濯足，如何超达？"他的话说明了为人处世，应立大志、立高志，唯有比别人高一步立身，才可以超越眼前事物所带来的局限性，否则，就如在尘土飞扬之时晒衣服，在泥泞中洗脚一样，这样下去人生只能是一团糟，谈何辉煌？

有人也做过这样的比喻：说一个人若是立志想做天上的雄鹰，在挫折、玩乐的消耗下，可能最终只成了林间的黄鹂；而若一个人立志想做林间的黄鹂，那么在挫折、玩乐的消耗下，最终也许只能成为一只家鸡了。所以，立身要高一步立，要立大志，做适合自己做的事，才能成大功，活出人生的大价值。

观史悟道

人要做大事，就要立大志，也就是在做事前要从心理上将自己看成一个做大事的人，或将来必定做大事的人，并能从实际做起，这样才能真的向目标靠近。

欧阳修勤修学问成一代文豪

欧阳修是北宋著名的文学家和史学家。欧阳修小的时候,家里的生活非常艰苦。4岁的时候父亲去世,母亲郑氏一心想让儿子读书,可是哪里有钱供他上学呢?郑氏左思右想,决定自己教儿子。

郑氏年轻时在娘家受过几年教育,加上自己酷爱读书,颇有些学识,教儿子识字自然不成问题。她买不起纸笔,就拿荻草秆在地上写字,代替纸笔,教儿子认字。这就是历史上有名的"画荻教子"的故事。

欧阳修聪明伶俐,读书也非常刻苦专心,什么书读过数遍就能背诵。家里的书读完了,他就向一李姓的很富有的邻居借书。遇到重要的书还亲手抄写一部。经过母亲的辛勤教育,再加上自己的努力,他在少年时代就打下了很好的文化知识基础。

有一次,他在李姓邻居家里偶然发现了唐朝大文学家韩愈的《昌黎先生集》,便借出来阅读。他立志要做韩愈这样的文学家,于是下苦功钻研阅读,甚至连吃饭和睡觉都忘记了。这本书对他后来的文学思想有极大的影响。

欧阳修二十多岁的时候,到西京(今河南省洛阳市)做留守推官(地方行政长官的助手),当西京留守钱惟演的幕僚。钱惟演是当时有名的文人。他手下的许多幕僚,都很会写文章。有一次,钱惟演在西京修建了一所驿舍,叫尹师鲁、谢希深和欧阳修三个幕僚各写一篇文章,记述这件事情。三个人把写好了的文章拿来互相观看,谢希深的文章七百字,欧阳修的文章五百多字,只有尹师鲁的文章三百多字。尹师鲁的文章虽短,文字却十分精炼,叙事清晰、完整,而且结构严谨。欧阳修看了,不甘心落在尹师鲁的后面,就带了酒去拜访他。两人讨论文章的写法,彻夜不眠。

尹师鲁对欧阳修说:"你的文章写得还好,不过格调较低,废话较多。"欧阳修明白了自己文章的缺点,就重新写了一篇。重写的文章比尹师鲁的还要少二十几个字,内容却更加完整。尹师鲁看了之后,非常钦佩,对人称赞说:"欧阳修进步真快,简直是一日千里!"

后来欧阳修总结自己的写作经验,说:"写文章要有三多,看得多,做得多,还要同别人商量得多。"欧阳修的写作态度严肃认真。每当他写好一篇文章,就贴在墙壁上,不管是坐下还是躺下来,随时可以看到并加以修改。一直改到他自己满意,才肯拿出来给别人看。

到了晚年,欧阳修又把过去所写的文章,一篇篇拿出来,仔细地进行修改。他的夫人劝阻说:"为什么要这样吃苦呢?你又不是学生,难道还怕先生责怪吗?"他笑着回答说:"我虽然不怕先生责怪,但是怕后生讥笑。"

正是由于这样的勤学和认真,使得欧阳修有了博大的文学学识和深厚的文学素养,终成为北宋古文运动的领袖,被公认为"唐宋八大家"之首,在我国文学史上占有重要地位。他一向反对浮华艰涩的文风,提倡文章要写得通俗流畅。他还积极培养人才,对当时的诗文革新运动做出了很大的贡献。

一勤天下无难事

人们常说"业精于勤而荒嬉","勤能补拙"等赞美勤奋的话。是的,古今中外,天才来自勤奋的例子太多了,他们有的人天资并不高,但通过勤奋学习,也取得了成功。那些脑子不好,又不勤奋的人,终会一事无成。

由此可以断言:勤奋才能搭起成功之桥,天赋只不过是堆在桥边造桥的材料。若有聪明的天赋,不经过勤奋的拼搏,那么他的事业只能"荒于嬉",那所谓的天赋又有何用呢?很多成功人士的事迹也告诉我们:一个人的成功除了机遇与天资外，真正离不开的是勤奋的态度。"勤"不仅能补"拙"，还能助你一臂之力让你迈向成功。

我国数学家陈景润为了证明"哥德巴赫猜想"，他日复一日，年复一年地沉浸在数学中，常常废寝忘食。法国作家福楼拜，他的窗口面对塞纳河，由于他经常勤奋钻研，通宵达旦，夜间航船的人们常把它当作航标灯。他的学生莫泊桑，从20岁开始写作，到30岁才写出第一篇短篇小说《羊脂球》，在他的房间里可以看到草稿纸已有书桌那么高了。还有很多伟人的事例不胜枚举。但他们的人生经历都说明了一个道理：天才出于勤奋，成功来自勤奋！

相声大师侯宝林只上过三年小学，由于他勤奋好学，使他的艺术水平达到了炉火纯青的程度，成为有名的语言专家。有一次，他为了买到自己想买的一部明代笑话书《谑浪》，跑遍了北京城所有的旧书摊也未能如愿。后来，他得知北京图书馆有这部书，就决定把书抄回来。适值冬日，他顶着狂风，冒着大雪，一连十八天都跑到图书馆里去抄书，一部十多万字的书，终于被他抄录到手。

人是不能以天赋论高低的，即使你天分一般，只要你拥有勤奋认真的素质，你也最终能成为天才，没有人能只靠天分成功，上帝给予人类以天分，但只有勤奋和认真才能将天分变为天才。

所以，勤奋是产生天才的根本原因。劳动就是勤奋。高尔基说过："天才就是劳动，人的天赋就像火花，它既可以熄灭，也可以旺盛地燃烧起来，而是它门成为熊熊烈火的方法，那就是劳动。"马克思也说过："在科学的道路上没有平坦的大道可走，只有不畏劳苦在崎岖小路上攀登的人，才有希望达到光辉的顶点。"只要我们在学习上花上舍的花一点力气用功夫，就必定能够用辛勤劳动的汗水和智慧浇开放香的理想只花，获得真才实学。

每一个人都应该引以为鉴，不要认为自己能力强，就不需要进行努力，这样的思想迟早会让你落后于人的。一勤天下无难事。事业上的成功不单纯靠能力和智慧，更要靠勤奋和认真的态度。

另外，2008年底时，美国加利福尼亚州大学的一项研究也显示，勤奋和认真不仅会让你取得事业上的成功，也会延长人的寿命，他们进行了20项研究，共对8900人生前行为进行了比较。研究专家将勤奋分解为多种特征，包括有组织性、做事一丝不苟、可靠、有能力、服从命令、有责任感、有抱负、自律以及沉着。

研究结果发现，勤奋、认真的人平均寿命要比普通人长2到4年。专家说："世界上勤奋、认真的人往往不会过量吸烟或饮酒，同时也不会冒太多风险，这样的生活更为稳定并且面临的压力也更小。"所以，勤奋、认真的增寿效果要高于社会经济地位和个人才能。

观史悟道

如果把人聪明的天赋比作一块石头，但就这一块石头是无论如何也敲不出火花来的，如果再拿起"勤奋"的那块，不停地敲击，"天赋"与"勤奋"碰击在一起，飞溅的火花一定会点燃成功之火；如果把人生比做汪洋中的一条船，天赋就是那"船帆"，勤奋就是鼓帆的"疾风"，越勤则风越大，如果你这样做，那么成功就在眼前了！

苏东坡因才自傲遭王安石惩治

北宋时期的著名文学家、书画家苏轼，字子瞻，号东坡居士，世称苏东坡。他天资聪颖，过目成诵，出口成章，被时人称为："有李太白之风流，胜曹子建之敏捷。"他曾官拜翰林学士，在当时的宰相王安石门下做事。王安石很器重他的才能，然而，那时的苏轼还比较年轻，自恃聪明，常常说出一些得罪人的话。

有一天，苏轼和王安石坐在一起谈文字，论及"坡"字，坡字从"土"从"皮"，于是王安石认为"坡乃土之皮"。苏东坡笑道："如相公所言，滑字就是水之骨了。"王安石听了呵呵笑了，但心中很不高兴，不过当面也不好发作。

又有一天，王安石与苏东坡谈及"鲵"字，鲵字从"鱼"从"儿"，合起来便是"鱼的儿子"的意思。苏东坡又调侃说："鸠可作'九鸟'解，毛诗上说：'鸣鸠在桑，其子七兮。'就是说鸠有七个孩子，加上父母两个，不就是九只鸟吗？"王安石觉得苏轼这肯定是自作聪明，心里就十分反感，觉得他还欠历练。

后来，苏轼在湖州做了三年官，任满回京，安顿完毕，便往宰相府来拜见王安石。

此时，王安石正在午睡，书童便将苏轼迎入东书房等候。苏轼闲坐无事，见砚下有一方素笺，原来是王安石两句未完诗稿，题是"咏菊"。

如果是会做事的人，肯定会夸奖王安石的文采一番，但是苏轼还是自以为聪明，他笑道："想当年我在京为官时，他写出数千言，也不假思索。三年后，正是江郎才尽，起了两句头便续不下去了。"苏轼把这两句念了一遍，又不由叫道："其实，这两句诗是说不通的。"

那首诗是这样写的："西风昨夜过园林，吹落黄花满地金。"在苏东坡看来，西风盛行于秋，而菊花在深秋盛开，最能耐久，随你焦干枯烂，却不会落瓣。想到这里，苏轼就觉得自己的想法实在是太好了，便在王安石的诗后面添了两句："秋花不比春花落，说与诗人仔细吟。"待写下后，又想如此抢白宰相，只怕又会惹来麻烦，若把诗稿撕了，不成体统，左思右想，都觉不妥，便将诗稿放回原处，告辞回去了。结果第二天便有皇帝降诏，贬苏轼为黄州团练副使，苏轼自然也明白是王安石所为。

苏轼在黄州任职将近一年，不知不觉已经到了秋天，这一天，忽然刮起了大风，风息之后，后园菊花棚下，满地铺金，枝上全无一朵。东坡一时目瞪口呆，半晌无语。此时方知黄州菊花果然落瓣！不由对友人道：

"我被贬，只以为宰相是公报私仇。谁知是我真错了。我自以为是，真的是大错特错啊！"

苏轼认识到了自己的错误，便想找个机会向王安石赔罪。想起临出京时，王安石曾托自己取三峡之中峡水用来冲阳羡茶，由于心中一直不服气，早把取水一事抛在脑后。于是便想趁冬至节送贺表到京的机会，带着中峡水给宰相赔罪。

此时已近冬至，苏轼告了假，带着因病返乡的夫人经四川进发了。在夔州与夫人分手后，苏轼独自顺江而下，不想因连日鞍马劳顿，竟睡着了，等到醒来，已是下峡，再回船取中峡水又怕误了上京时辰，又听当地老人道："三峡相连，并无阻隔。一般样水，难分好歹。"便装了一瓷坛下峡水，带着上京去了。

苏东坡先来到相府拜见宰相。王安石命门官带苏轼到东书房。苏轼想到去年在此改诗，心下愧然。抬头又见柱上贴了他自改的诗稿，更是羞惭，倒头便跪下谢罪。

王安石原谅了苏轼以前没见过菊花落瓣，邀他坐下。待苏轼献上瓷坛，取水煮了阳羡茶。王安石问水是从哪里取的，苏轼回到说："巫峡。"王安石笑道："又来欺瞒我了，这明明是下峡之水，怎么冒充中峡的呢。"苏轼一下子慌了神，急忙辩解道误听当地人言，三峡相连，一般江水，但不知宰相是怎么辨别出来的。王安石语重心长地说道："读书人不可道听途说，定要细心察理，我若不是到过黄州，亲见菊花落瓣，怎敢在诗中乱道？三峡水性之说，出于《水经补注》，上峡水太急，下峡水太缓，惟中峡缓急相半，如果用来冲阳羡茶，则上峡味浓，下峡味淡，中峡浓淡相宜，今见茶色半天才现，所以知道是下峡的水。"苏轼听了以后，自愧弗如。

王安石又带苏轼来到他的书房，把书橱都打开，对他说："你只管从这二十四橱中取书一册，念上文一句，我若答不上下句，就算我是无学之辈。"苏轼见书橱中书如此之多，心中不信，便专拣那些积灰较多，显然久不观看的书来考王安石，谁知王安石竟对答如流。苏轼不禁汗颜，赞叹道："先生学问渊深，非我晚辈浅学可及！"之后性格终于变得谦虚，更开始发愤学习。

自以为是，失败之本

一个人读不尽天下的书，参不尽天下的理。正如古人所说："宁可懵懂而聪明，不可聪明而懵懂。"所以说，一个人耍小聪明是没有好处的，尤其是在智者面前班门弄斧，这样的行为是非常不可取的。

有这样一则寓言故事：一只蜈蚣和一条蝮蛇在一块被野兽踩躏过的草地上相遇。蝮蛇见到蜈蚣心惊胆战扭头就跑。蜈蚣迈动它的四十多条小腿，迅速跑到蝮蛇的前面，挡住去路。蝮蛇往东逃，蜈蚣从东面堵，蝮蛇向西面溜，蜈蚣从西面拦。蝮蛇见无路可逃就呀地一声张开大嘴，露出锋利的牙齿和火焰一般闪动着的丫形长舌，准备与蜈蚣作最后的决斗。

蜈蚣把头一缩，身子一弓，箭似的把自己弹进蝮蛇的嘴里。接着蜈蚣进入蝮蛇的喉咙，先吃心，再嚼肠，最后从肛门爬出来。蝮蛇在蜈蚣闪电似的进攻面前，麻木了，连自己是怎么死的都不清楚。

过了几天，蜈蚣在一棵树上爬行，又看见了蛞蝓（一种软体动物）。它看到蛞蝓长着一身白嫩嫩的细肉，就想把它吃掉。

壁虎见了，就劝告蜈蚣说："那家伙个儿虽小，但是很毒，你可不能去触犯它啊。"

"你不要欺骗我。"蜈蚣怒气冲冲地说，"谁都知道，世界上最毒的动物是蛇，而蛇中最毒的要数蝮蛇。蝮蛇咬树，树要枯萎；咬人和野兽，人和野兽都得丧命。蝮蛇的毒性虽然猛烈得像团火，可我蜈蚣，却能经过它的喉咙，吃掉它的心，嚼烂它的肚肠；喝它的血使我醉倒，吃它的脂膏使我胀饱；但只消三天，我就醒过来啦，乐哈哈的，就像往常一样。庞然大物的蝮蛇都不在我的话下，哪有怕这一寸长的蛞蝓的道理呢！"蜈蚣说罢，迈动它的小腿，气势汹汹地向蛞蝓爬去。

蛞蝓见蜈蚣前来挑衅，毫不紧张。它伸伸懒腰，把头上的触角弯了弯，又直了直，用嘴里的暖气温润着吐沫，等待蜈蚣走近。蜈蚣刚刚爬到蛞蝓附近，还没有来得及施展一下威风，就被蛞蝓迎头喷来的一股又稠又黏的液体黏住了。它想溜走,但脚和触须都乱纷纷地粘在一块,不能动弹,只能躺在那里等死。不大一会儿,蜈蚣就被一伙蚂蚁分着吃掉了。

蜈蚣的骄傲在于把暂时的胜利当作永久的胜利,自认为天下无敌,对一得之功盲目自满,只看到自己的长处,看不到自己的短处,过分的夸大了自己的能力。

我们也要能以蜈蚣为诫,不因才而傲,事事以如履薄冰的心态面对,成功的胜算才会大。

观史悟道

人生之得意失意是经常发生的,每人都有得意之时,每人都有机会获得某种成功。但是这并不意味着你真的很牛了,你的得意也许只是机遇,也许你还没有遇到比你强的人,每个人都有不足之处,都有不知道的事。要淡然面对自己的成功,不要把一时的成功当作永久的丰碑!苏轼如此才高,在王安石面前也不得不服服帖帖,而那些才不及东坡者,更应谨言慎行,谦虚好学。

晏殊以诚实得信任

北宋词人晏殊不但以词闻名,还以诚实著称。在他十四岁时,有人把他作为神童举荐给皇帝。皇帝召见了他,并要他与一千多名进士同时参加考试。结果晏殊发现考试是自己十天前刚练习过的,就如实向真宗报告,并请求改换其他题目。宋真宗非常赞赏晏殊的诚实品质,便赐给他"同进士出身"。

晏殊当职时，正值天下太平。于是，京城的大小官员便经常到郊外游玩或在城内的酒楼茶馆举行各种宴会。晏殊家里相对比较贫穷，无钱出去吃喝玩乐，只好在家里和兄弟们读写文章。有一天，真宗提升晏殊为辅佐太子读书的东宫官。大臣们对此惊讶异常，不明白真宗为何做出这样的决定。真宗说："近来群臣经常游玩饮宴，只有晏殊闭门读书，如此自重谨慎，正是东宫官合适的人选。"

而晏殊谢恩后却说："我其实也是个喜欢游玩饮宴的人，只是家贫而已。若我有钱，也早就参与宴游了。"

宋真宗听了哈哈大笑，夸赞晏殊敢说真话。这两件事，使晏殊在群臣面前树立起了诚实的信誉，而宋真宗也更加信任他了。后来晏殊成为北宋两朝重臣，官至礼部、刑部、兵部尚书，封临淄公。

做事先做人，诚信不可失

诚信是一种做人的品质，是个人修养的反映。人都是生活在社会之中的，必须有诚信，才会被社会容纳，不然就难以在社会上立足。

有一名在德国留学的中国学生，毕业时成绩优异，决定留在德国发展。他四处求职，拜访了很多家大公司，但都被拒绝了。为此他很是伤心和恼火，但为了在这里生活下去，他不得不收起高材生的架子选了一家小公司。前去应聘，心想这次无论如何也不会再被德国人赶出门了吧！然而出人意料的是，这家小公司虽然小，却仍然和大公司一样很礼貌地拒绝了他。

这位留学生终于忍无可忍，于是对面试官拍案而起："你们这是种族歧视！我要控告你们！"接待他的德国人很冷静地请他坐下，为他送上一杯水，然后从档案袋里抽出一张纸放在他面前，示意他看一下。留学生拿起看了看，发现是一份纪录，记录上写着他乘坐公共汽车时曾经逃票三次。

难道就为逃票三次就拒绝一个有才干的人进入公司吗？这个人很惊讶，也更加气愤，就说原来你们就是因为这么点儿鸡毛蒜皮的事而小题大做，太不值得了。但是这位德国人说，在德国，抽查逃票一般被查住的概率是万分之三，也就是说逃一万次票才可能被抓住三次。我们很欣赏你的才能，却不能接受你三次逃票这种不诚实的纪录。"

这位留学生听了顿时哑口无言。在事事认真的德国人看来，坐车不买票的人是没有诚信的，万分之三的概率他居然被抓住三次，这就是说明他坐车很少买票，这样的人他们怎么敢留下任用呢？此时这个留学生感到无比的羞愧，只好离开了。

这个故事也告诉我们：没有诚信素质的人是不会受到欢迎的。即使有些人平时表现很好，一旦受到外界的引诱，缺乏诚信素质注定了他将抛弃原则，于是背叛就成为一种可能。所以任何人都不愿意同不诚实的人交往。

观史悟道

对任何人而言，诚信的品质都是极为重要的，它对人的生存和发展会起到极大的作用。它表现为一个人对他人或组织的诚实性和信用程度，取决于一个人自身的品德，体现在一个人的个性和价值取向之中。它是我们处世和做人的一种必备素质和行为规范，也是人品修养的核心部分。

崇祯刚愎自用明朝灭亡

崇祯皇帝朱由检为人勤勉自律，励精图治，在位17年，一直勤政理事，节俭用度，不近女色，史称其"鸡鸣而起，夜分不寐，往往焦劳成疾，宫中从无宴乐之事"。可以说，崇祯是朱元璋以后明代16位君主中少有的勤奋、上进，并且最能说到做到的一个。

这样一个自律、上进、爱民的皇帝，为什么会成为亡国之君呢？他是怎样失败的呢？其实主要是在他的为人上，他做事过于急躁，有时甚至不动脑子，而且对他人的要求过于严格，他人做事稍有不慎，便有被他治罪杀头的危险。

崇祯帝对自己要求很严格，然而对他人的要求也一样严格。崇祯在位的17年间，换了50个大学士（相当于宰相或副宰相），崇祯提拔重用的人，入《明史奸臣传》的就有温体仁、周延儒两人，而整个《明史奸臣传》所列者不过10人，其余明朝两百多年中只有胡惟庸、严嵩、陈瑛等6个，而崇祯17年间就占了两个。

崇祯年间还换了11个刑部尚书，14个兵部尚书，诛杀总督7人，杀死巡抚11人、逼死1人。这其中就包括总督袁崇焕。

学者阎崇年赞袁崇焕说："袁崇焕是明末清初中国政治军事舞台上，一位伟大的爱国者、杰出的军事统帅和著名的民族英雄。蓟辽督师袁崇焕的崇高精神、勇敢品格、顽强意志、求新态度、清廉作风、骄人业绩，不仅在中国文化史上，而且在人类文明史上，都是汗青留名、千古永垂。"

然而这样杰出的一个人，却因一件莫须有的小事，而被崇祯枉杀。皇太极有一次绕过袁崇焕镇守的宁远直接攻击北京城，袁崇焕回救京师，战退皇太极，但皇太极却使了个离间计，他让部下放出被捉住的两个太监，故意让两个太监听到自己的谈话，而谈话内容则编造的是袁崇焕和自己串通的事，太监后来被故意放走，见到崇祯后便大呼袁崇焕投敌。于是崇祯便把袁崇焕召来，不问青红皂白下狱论罪，之后被施以凌迟之极刑。

不但袁崇焕是冤枉的，其他人也挺冤枉的，如总督崇俭，他和张献忠打仗本来打赢了，可是因为杨嗣昌说他撤兵太早，导致战败，马上就斩首弃市，后来福王时候，给事中李清为之辩白："崇俭未失一城，丧一旅，因他人巧卸，遂服上刑。"另一位总督赵光汴被崇祯治罪后，当世之人也认为很冤。

兵部尚书王洽因为清兵逼近京城而下狱受死，然而史称王洽"清修伉直，雅负时望，遵化陷，再日使得报，帝怒其侦探不明，用重典不少贷。厥后都城复三被兵，枢臣咸获免，人多为洽惜之。"也是因小罪而被崇祯治死。

兵部尚书陈新甲之死，更是无辜，只不过是崇祯想和皇太极议和，偷偷摸摸不敢让朝廷大臣们知道，而陈新甲无意中将此事泄露出去，崇祯在朝廷上被大臣们逼问，老羞成怒，就杀了陈新甲做替罪羊。

崇祯年间当然不是没人可用，而是有很多，只是他一是不会用，一是他的严酷实在是寒了天下士人的心。当时有很多有才干的人，没有为崇祯尽忠，却被皇太极所重用。如清军入关后，进行了大规模的政治改革和经济改革，攻击李自成的大顺军，攻击南明的百万大军，进行大清统一战争，这些都是以汉人为主导而实施的，很多为首的都是崇祯年间的旧臣，比如吴三桂、洪承畴，这些人在崇祯的领导下束手束脚，不能大展其才，屡遭败绩，而在清朝的统治下，却如鱼得水，无论军事、政治、经济上都大施拳脚。正因为他们的努力，才开创了前清的盛世。这些人身为汉人，开始时应当也是一心为国家的，只是崇祯一直不能很好地重用他们，弄不好还有可能犯下死罪，而在皇太极的厚待之下，又如何还能坚持立场？

由此可见，崇祯所言，"朕非亡国之君，臣皆亡国之臣"，实在是至死不悟，可悲可叹。崇祯之失败，实在于他个性急躁武断，刚愎自用，对他人要求过于严格所致。

刚愎自用，事事无成

《菜根谭》中说："用人不宜刻，刻则思效者去。"是说用人要宽厚，而不可太刻薄；如果太刻薄，即使正在为你效力的人也会设法离去。如果崇祯皇帝能包容，能明断，不急躁，明朝是完全有可能在他手中振兴的。

我们现代人也一样，人生在世，要做的事情很多，要接触的新事物也非常多。然而这么多的事情不可能哪一件都做得非常好，或者说不可能什么事情、什么知识都懂，由于不懂就难免要犯错误。这时，就需要有人来指点我们或者说给我们提供好的建议。特别是我们知心朋友的建议更值得参考。

而固执己见者由于过于"迷信"自己，一昧地执迷不悟，所以有时就难免言行过激，有极端化倾向。他们顽固的"自信"，对其他人的话充耳不闻，但又生怕自己不被人重视，得不到他人的承认。于是，在顽固的"自信力"的支持下，义无反顾地沿着错误道路走下去，过激言行不但没有扭转错误方向，反而加快了失败的到来。

刚愎自用者的顽固、不肯接受他人意见是一个致命的弱点。不肯接受他人意见，对于朋友的劝诫或忠告置若罔闻，不仅会使自己头破血流，还会严重伤害朋友之心。因为只有真正的朋友才会指出你的错误，提出中肯的建议。提供建议本身就意味着坦诚和信任。如若把良药当作烂草，把忠言当作废话，那么不用多长时间，就不会再有人对他说忠言了。

在待人方面，就更要能大度，绝不能用要求自己的最严格标准来要求他人，人和人是不一样的，要求过严，会吓阻被用者的脚步。宽容别人一次，自己的精神就得到一次升华；而被别人宽容一次，自己的灵魂就应该得到一次洗涤。为人处世时，应当是"我有功于人不可念，而过则不可不念；人有恩于我不可忘，而怨则不可不忘。"这才是做事处人应有的态度。

观史悟道

刚愎自用者事事无成，因为这样的人只注重自己的想法和感受，却不能听取他人的意见，不能体味他人的感受，所以别人也就不会真心地与这样的人合作，甚至还会故意制造些麻烦。那么这样的话，刚愎自用者又如何能成事呢？

乾隆妄自尊大国家败落

清朝的乾隆皇帝弘历在位时间共60年,他的寿命也是古代帝王中最长的。他在位时期,可谓国泰民安,清朝国力臻至全盛,于是他自称"十全老人"。弘历自幼聪明过人,修文习武,样样皆能,故小时候就得康熙喜爱,雍正也认定他是未来的继位人选。雍正死后,弘历即位,因年号乾隆,世称其为乾隆帝。

乾隆年轻时也确实有过丰功伟业,他平定西北叛乱,为清朝消除一个极大的隐患。他还知人善任,他重用的阿桂、刘墉、纪昀都是当时的杰出人才。另外,他集合许多文士修编的《四库全书》对中国文化的保存流传也有着极大的贡献。

乾隆早期时国家极其强盛,乾隆登基时,清政府国库尚有300万两白银,1775年左右,乾隆到达了他统治的巅峰时期,国库积有白银700多万两,甚至超过了康雍两朝。清朝的国民生产总值在这一时期仍占全世界的三分之一左右。因此,清朝在乾隆时期是社会安定,四海升平。

当国家处于太平盛世,乾隆就开始变得奢华,他六次南下江南巡游,耗费巨大,各地方官员不得不为他兴师动众,人民百姓深受其苦,并且他还留下许多风流韵事,劳民伤财。乾隆到中年时,生活更加浮华奢侈,开始宠信贪官和珅,又建造诸多宫廷和行宫建筑,耗费大量国家财富。1796年乾隆退位时,几乎所有的国库资金已被他挥霍一空。

乾隆对国家乃至中国历史发展的最大危害,其实还不是浮华奢侈,养成贪污腐化之风,而是他因骄傲自大,使得清朝闭关锁国妄自尊大,断绝了国家与外界的科技经济文化往来，他认为："天朝物产丰盈，无所不有，原不籍外夷货物以通无有。"1793年，乾隆在回复英王乔治三世的信中说："我中原数万里版舆，百产丰盈，并不藉资夷货。"这些都体现了他骄傲自满，妄自尊大的性格。

1793年，英国为了开拓市场和国家交往，决定趁着乾隆八十大寿之际，以祝寿为名，派一个庞大的亲善代表团前往中国商谈商务贸易问题。代表团团长为马戛尔尼，他率领700多人，包括官员、贵族、物理学家、天文学家、翻译等等，还带去了许多礼品，这些礼品是英国工业成就的展览样品，而中国当时根本没有这些东西，如望远镜、天文观测仪器、地球仪、载人热气球、卡宾枪、加农炮等各种仪器或武器。

马戛尔尼到了北京后，乾隆正在避暑山庄养身体，马戛尔尼便又率团跑到避暑山庄。乾隆接见他们时，使团的天文学家把望远镜架起来，想要乾隆看一看天外之天。乾隆只瞄了一眼，就撇嘴说，这不过是儿童玩具。

马戛尔尼见乾隆对天体不感兴趣，就赶紧献上水晶灯，乾隆看了一眼，笑道：这玩艺好，给我挂起来，把天文望远镜给我扔了，我天朝上国儿童玩具多得是。马戛尔尼又提出搞热气球表演，乾隆摇头说：神仙才升天呢，你们凡夫俗子上天干什么？免了吧！

马戛尔尼对此十分惊讶，哭笑不得，他又拿出地球仪指给乾隆，告诉他自己的国家在哪里。乾隆看了大怒，说：我天朝上国，乃世界的中心，你怎么把我的国家弄得这么小？还是圆的，你能在球上面站着吗？这是对天朝上国的侮辱，便让人把地球仪踢开了。

马戛尔尼屡屡受挫，心下不甘，心想既然这些科学仪器没有什么稀罕，那么打仗用的大炮总可以了吧。当他把放炮的想法说给乾隆听时，乾隆说：不用，我天朝有的是炮手，都会放。结果马戛尔尼不远万里带来的世界最新式武器一下没用便被乾隆否了。

100年后，英法联军用这种大炮轰开了清朝的海防，进入北京城。当他们跑到圆明园放火时，发现了这批100年前的大炮和炮弹，还都原封不动地躺在箱子里。

乾隆禁止外国先进的科学技术传入国内，并抑制国内手工业和商业的发展，这种措施对一个国家的发展来说是非常危险的，他的这一自大的性格，也终于使清朝的发展与世界的发展相脱离，并最终落后于世界。可以说，中国200年来落后于世界的最大根源，就起自于乾隆时期的这些建立在妄自尊大的国策上。

而当时的西方国家如英国、法国等正经历着伟大的工业革命的洗礼，科学技术、社会经济和军事力量的发展都是一日千里，在这样的情况下，乾隆皇帝还以为天下唯我独尊，不去放眼观世界，结果国力日降，国民生产总值由他统治中期时占世界的三分之一，至老年时已降为不足五分之一。

谦虚使人进步，骄傲使人落后

人们常说"谦受益，满招损"。是啊，自大乃衰败之源，我们应警惕自大思想，要以谦虚的态度处事待人。

曾子说的"吾日三省吾身"的话很有道理，值得我们借鉴。当我们自以为了不起或稍有成就时，就要提醒自己，不要让傲慢夺去了我们应有的平和。

东汉班固所著的《汉书·魏相传》中说："恃国家之大，矜民人之众，欲见威于敌者，谓之骄兵，兵骄者灭。"这是成语"骄兵必败"的出处。

有些人有过几个小小的成功就不知道自己是谁了，直到有一天一个教训下来，吃了亏，才重新认清自己。其实，就是我们取得再高的成就，也没什么了不起，连牛顿、爱因斯坦、萧伯纳这些伟大的人物都那么谦虚，我们还有什么资格骄傲？我们大部分人都是作为一个普普通通的人生活着，要想过得好，有进步，就不能自高自大。

英国著名戏剧家萧伯纳应邀到俄国访问。有一天闲暇时，他漫步在莫斯科街头，遇到一位可爱的小女孩，一时兴起，便高兴地与她玩起游戏来。

尽兴分手时，萧伯纳得意地对小女孩说："回去告诉你妈妈，今天同你玩耍的是世界上鼎鼎有名的萧伯纳。"

谁知小女孩望了萧伯纳一眼，也学着他的口气，骄傲地说："你也回去告诉你妈妈，今天同你玩的是小女孩安妮。"

这个回答使萧伯纳大吃一惊，使他立刻意识到自己的傲慢。事后，他感慨万分地对朋友说："一个人不论有多大的成就，对任何人都应该平等相待，常常保持谦虚的态度，这个俄国小女孩给我的教训，我一辈子也忘不了！"

观史悟道

谦虚使人进步，骄傲使人落后，就是要求我们在工作和生活中要保持谦虚，戒骄戒躁，多看到他人的长处，向他人学习，促进自己各方面能力的提高和进步，否则固步自封、自以为是只会越来越落后。

第二章 智谋与明势

孙子出奇制胜败楚军

战国时期，楚国和吴国经常交战，两个诸侯国都临着长江，吴国在长江下游，是江南水乡之地，兵士多以舟代步，所以吴军大都是水军，精于水战，并且装备精良、训练有素。公元前506年，吴王阖闾决定伐楚，他让孙武和伍子胥率吴国精兵六万人杀奔楚国。

讨伐之初，孙武征用吴国所有大船，沿长江逆流而上，浩浩荡荡杀奔楚国而去。这种进军方式，当然也是楚国人能估计到的，楚军也预先进行水战方面的防备。

楚国大将囊瓦见吴军来势凶猛，便也集中兵力退向对自己有利的汉水方向，准备借汉水天险，设防抗击吴军的进攻。不料，吴军行至淮水时，孙子突然下令改变沿淮河进军的路线，改从陆路向西南进发，大军弃船上岸，重兵直插楚国纵深腹地。

吴国大臣伍子胥见孙武的战法突然改变，便问他说："吴军习于水性，善于水战，为何改从陆路进军呢？"

孙武笑了笑，对他解释说："用兵作战，最贵神速。走敌之料想不到的路，才能打它个措手不及。逆水行舟，速度迟缓，楚军必然乘机加强防备，那时就很难破敌了。"伍子胥点头称是，吴王阖闾也觉得此举可行，当然也就批准执行。

孙武决定出奇制胜，在具体的战斗上，孙武在三万精兵中选择了强壮敏捷的3500人为前阵，这些人身穿坚甲，手执利器，几乎是在不要后方保障的情况下向汉水方向快速推进。而在这3500人之中，孙武又精选了500

名体格强健的士兵，作为全军前锋，轻装上阵，逢山开路，遇水搭桥，连破疏于防守、兵力虚弱的楚地大隧、直辕、冥阨三关，3500人犹如一支利箭，直射在汉水布防的楚军。

汉水东北的三关都没能挡住吴军的进兵，被吴军轻易突破，囊瓦不由得六神无主。在他还没有反应过来时，吴军已到达汉水，楚将子常率大军迎战，孙子了解到子常是个好大喜功之人，判断他定会趁吴军立足未稳，夜间来劫营。于是孙子设下埋伏，不但一举将子常派来偷袭的军队全部消灭，还趁机杀入楚军大营，楚军大乱，溃不成军，落荒而逃，吴军于是大获全胜。

常变常新，不变则败

在军事上，要做到"随机应变，用兵如神"，首要任务是准确察知敌情，其次是根据己方的情况，果断决策，出奇制胜。

我们做事情也是一样，比如你要创业赚钱，只要你能抓住稍纵即逝的机遇，或者在别人想不到的地方投资做生意，便很容易大赚一笔。

香港有一间以制造老婆饼而驰名的饼店，他们以"秉承优良传统"的口号来吸引顾客。后来因为同行竞争激烈，为了杀出一条生路，他们除了以老字号做宣传外，不再墨守成规，以植物油代替猪油，注意营养的人，皆认为用植物油比猪油来得健康，令爱美又贪嘴的人士可以开怀大嚼。他们甚至以"健美食品"自居，令这间饼店兴旺起来。

我们再来看一个故事：1989年9月，饮誉全球的联邦德国"能达普"摩托车厂因经营失误被迫出卖。正在联邦德国考察的天津技改办主任丁焕彩立即向该厂表示了购买的意向，并火速回国商议。10月12日，丁焕彩通知德方：中方决定购买该厂。但在这时，伊朗商人已抢先一步与该厂签订了购厂合同，交款时间定在10月24日。丁焕彩在失望之余突发异想——如果伊方不能按时交款呢？也许还有转机，于是10月22日，中方派人赶到德国继续与德方接洽。由于某些原因，伊方果然未能按时交款。于是，中方硬是从伊朗人手中"抢"到了先进的"能达普"摩托车生产线，而且出价比伊朗人还要低。

由此可以看出，世界上也没有什么是永恒的，唯一不变的就是"变"。人需要像水那样因时而变，因此墨守成规是前进的绊脚石，死搬教条更是阻挡在成功路上的河，唯有绕过他们，才能赢得胜利。所以，我们做任何工作，从事任何一种事业，也都要与时俱进，不能墨守成规，否则就会被淘汰。

观史悟道

古希腊哲学家赫拉克利特有一句名言："人不能两次踏入同一条河流。"赫拉克利特认为，河水是在不停流动的，当人们第二次踏入同一河流时，他们所接触到的水流已是变化了的新水流。这句话揭示了一个真理，世间的一切事物都是在不断变化的。穷则思变，变革才能通达，通达才能保持长久。

田单麻痹敌军救齐国

战国后期，燕国在燕昭王的治理下也曾强盛一时，但齐国更加强大，齐闵王时曾出兵伐燕，燕昭王深以为耻，后来他派遣大将乐毅攻破齐国，齐闵王被迫从都城逃跑，退守到莒城。

在燕国军队长驱直入征讨齐国之时，齐国田氏王族的远房本家田单也离开都城，逃到安平，这时他担任首都临淄佐理市政的小官，并不被齐王重用。逃跑时，他让族人把车轴两端的突出部位全部锯下，安上铁箍。

不久，燕军攻打安平，城池被攻破，齐国人争路逃亡，结果被撞得轴断车坏，大都被燕军俘虏。只有田单和族人因用铁箍包住了车轴的缘故，得以逃脱到即墨城。

这时，燕国军队已经全部降服了齐国大小城市，只有莒和即墨两城未被攻下。燕军听说齐闵王在莒城，就调集军队，全力攻打。齐国大臣淖齿杀死了齐闵王，王孙贾又杀死了淖齿，率领人民坚守城池，抗击燕军，燕军几年都不能攻破该城。

燕将迫不得已，便带兵东行围攻即墨。即墨的守城官员出城与燕军交战，战败被杀。即墨城中军民便想推举田单当首领，大家都说："安平那一仗，田单和同族人因用铁箍包住车轴才得以安然脱险，可见他很会用兵。"于是，大家就拥立田单为将军坚守即墨，燕军一时间也攻不下来。

过了不久，燕昭王去世，燕惠王登位，他和乐毅有些不和。田单听到这个消息之后，就派人到燕国去行使反间计，间谍扬言说："齐闵王已被杀死，没被攻克的齐国城池只不过两座而已。乐毅是害怕被杀掉而不敢回国，他以讨伐齐国为名，实际上是想和齐国兵力联合起来，在齐国称王。齐国人心还未归附，因此暂且拖延时间，慢慢攻打即墨，以便等待时机成熟再称王。齐国人担心的是，唯恐其他将领来带兵，即墨城就必破无疑了。"燕惠王认为这些话是对的，就派大将骑劫去代替乐毅。

乐毅被免职之后就逃到赵国去了，燕军官兵都为此忿忿不平。田单又命城中军民在吃饭之前要祭祀祖先，使得众多的飞鸟因争食祭祀的食物，在城上盘旋飞舞。城外的燕军看了，都感到很奇怪。田单又扬言说："这是神仙要下界指导我们克敌制胜。"他又扬言说："我最怕的是燕军把俘虏的齐国士兵割去鼻子，放在队伍的前列，再和我们交战，那即墨就必然被攻克。"燕军听到这话，就照此施行。城里的人看到齐国众多的降兵都被割去了鼻子，于是人人都怕被燕军俘虏，全力坚守城池，只怕被敌人捉住。田单又派人施反间计说："我很害怕燕国人挖了我们城外的祖坟，侮辱了我们的祖先，这可真是让人寒心的事。"燕军听说之后，又把齐国人的坟墓全部挖出，并把死尸焚烧殆尽。即墨人从城上看到此情此景，人人义愤填膺，痛哭流涕，都请求出城拼杀，都愤怒地想把燕军吃掉。

田单知道现在是出战的最好时机，于是就亲自拿着夹板铲锹，和士兵们一起修筑工事，并把自己的妻子姬妾都编在队伍之中，还把全部的食物拿出来犒劳士卒。命令装备整齐的精锐部队都埋伏起来，让老弱妇女上城防守，又派使者去和燕军约定投降事宜，燕军官兵都高呼万岁。田单又把民间的黄金收集起来，共得一千镒，让即墨城里有钱有势的人送给燕军，请求说："即墨就要投降了，希望你们进城之后，不要掳掠我们的妻子姬妾，让我们能平安地生活。"燕军将领认为即墨是真的要投降了，都非常高兴，便满口答应。燕军的军营防御也因此更加松懈。

田单从城里收集了一千多头牛，给它们披上大红绸绢制成的被服，在上面画着五颜六色的蛟龙图案，在它们的角上绑好锋利的刀子，把渍满油脂的芦苇绑在牛尾上，点燃其末端。又把城墙凿开几十个洞穴，趁夜间把牛从洞穴中赶出，又派精壮士兵五千人跟在火牛的后面。这些牛因尾巴被烧，都发狂似地往前跑，直奔燕军阵营。这一切都在夜间突然发生，使燕军惊慌失措。牛尾上的火把将夜间照得通明如昼，燕军看到它们都是龙纹，所触及到的人非死即伤。五千壮士又随后悄然无声地杀来，而城里的人乘机擂鼓呐喊，紧紧跟随在后面，甚至连老弱妇孺都手持铜器，敲得震天价响，和城外的呐喊声汇合成一片，声势浩大。燕军非常害怕，以为天神在帮助齐人，纷纷四处奔逃。齐国人在乱军之中杀死了燕国的主将骑劫，燕军更加纷乱，溃散逃命，齐军紧紧追击溃逃的敌军，所经过的城镇一看齐人到来，都背叛燕军归顺田单。田单的兵力也日益增多。

田单乘着战胜的军威一路追击，燕军无不仓皇而逃，战斗力一天天减弱，一直退到了黄河边上，原来齐国的七十多座城池又都被收复。于是田单到莒城迎接齐襄王，襄王也就回到都城临淄来处理政务，齐国便得以复国了。

创造机会，出奇制胜

《孙子兵法》中说："凡战者，以正合，以奇胜"。"故善出奇者，无穷如天地，不竭如江河"。所以说不管打仗还是经商，善变就会给人以评估上的困难，让人捉摸不定，而善出奇则会让人防不胜防，因为"奇"的就是新的，而创新就会制胜。

日本的绳索大王岛村芳雄就是个很能出奇制胜的人。刚创业时，为了打开市场，他别开生面地想出了"先予后取"的制胜方法。首先，他前往麻产地冈山并找到麻绳厂商，以0.5日元的价钱大量买进45厘米长的麻绳，然后按原价卖给东京一带的纸袋工厂。这样做不但无利，反而损失了若干运费和业务费。

这种亏本生意做了一年之后，"岛村的绳索确实便宜"的名声远播，订货单从各地像雪片一样飞来。于是，岛村按部就班地采取行动。他拿进货单据到订货客户处诉苦："到现在为止，我是一毛钱也没赚你们的。如果让我继续为你们这么服务的话，我便只有破产一条路可走了。"

每个客户在看了他的进货单据之后，都为他的诚实做法深受感动，心甘情愿地把每条麻绳的订货价格提高为0.55日元。

然后，他又到冈山找麻绳厂商商量："您卖给我一条绳索0.5日元，我是一直照原价卖给别人的，因此才得到现在这么多的订单，如果这种无利而赔本的生意继续做下去的话，我只有关门倒闭了，这样的话，那么您也不会得到我的合作了。"

麻绳厂商看到他开给客户的收据存根后，也都大吃一惊，这样甘愿不赚钱做生意的人，他们平生头一次遇见，于是一口答应将单价降到每条0.45日元。

这样，岛村每卖出一条绳索可赚0.10日元，按当时他每天的交货量1000万条算，一天的利润就有100万日元，相当于他以前当5年店员的薪金总和。

创业两年后，岛村芳雄已名满天下，同时把丸芳商会改为公司组织，自任董事长。后来他从事房地产，东京横山町有名的岛村大楼业主就是他，另外他还兼有岛村产业公司和丸芳物产公司，成为国内外知名的财富大赢家。

这个故事也说明，人们在观察处理事情的过程中，由于对某些事情司空见惯，不自觉地在心理上产生了疏漏和松懈。这个时候如果能出奇兵，往往能乘虚而入，控制对手。所以，要想成功，就要用好"变"的智慧，以正合，以奇胜，确是制敌之妙诀。

观史悟道

一件事情往往有很多的办理方式，一个问题也往往会有许多的解决办法。但这些方式和办法却有着优劣好坏之分，也有费时费力和省时省力的差别。这个时候，就要求我们要能多多思考，争取做到出奇制胜。

汉高祖因时而变建汉朝

秦朝末年爆发了陈胜、吴广起义，天下群雄并起。后来由刘邦攻克了咸阳，但此时项羽的军事实力最大，于是他从刘邦手里得到了灭秦的胜利果实，并把刘邦贬到了汉中这一偏远地方。后来项羽因分封诸王不公，惹得诸侯反叛，天下复又大乱。刘邦和手下们都不想屈居于汉中之地，便趁机进入关中，开始争雄天下，他和项羽这段时期的战争，被称为楚汉战争。

刘邦不爱读书，所以常常瞧不起读书人。楚汉战争开始之前，高阳有个叫郦食其的读书人拜见刘邦，这人一进门看见刘邦坐在床边洗脚，便不高兴地说："假如你要消灭无道暴君，就不应该坐着接见长者。"刘邦听了斥责后，不但没有勃然大怒，而是赶快起身，整装致歉，请郦食其坐上座，虚心求教，并按郦食其的意见去攻打陈留，将秦积聚的粮食弄到手。刘邦围困宛城时，被困在城里的陈恢溜出来见刘邦，告诉他与其围城与攻城，不如对城内的官吏劝降封官，这样就可以化敌为友、放心西进，先入咸阳为王。刘邦又采纳了他的意见，使宛城不攻自破。

而在与项羽为敌之后，有一次项羽在阵前用箭射中了刘邦的胸部，致使他受了重伤，在这样的时刻，刘邦竟然还能忍着伤痛在两军阵前故意弓着腰，摸摸脚，骂道："贼人射中了我的脚趾"，以麻痹敌人，回到自己大营后，他又忍着伤痛巡视军营，来稳定军心。他对不利条件的隐忍，反映了他因时而变的谋略，也体现了他的心理承受力，这是成就大业者必备的一种心理素质。

与刘邦容忍的态度相反，项羽则刚愎自用、自以为是。有个有识之士建议项羽在关中建都以成霸业，项羽不听，那人出来发牢骚道："人们说'楚人是沐猴而冠'，果然如此！"项羽听说后非常愤怒，立即将那人杀掉。项羽在巨鹿击败章邯率领的秦军主力后，只因投降的秦军有些议论，项羽就起杀心，一夜之间把二十多万秦兵全部活埋，这一举动使其残暴之名闻于天下。而在自立为西楚霸王之后，天下本已平定，他因怨恨田荣，因此不封他为齐王，而立齐相田都为王，致使田荣反叛，天下又复归于乱。他甚至连身边最忠实的范增也怀疑不用，结果错过了鸿门宴杀刘邦的机会，最后气走范增，成了孤家寡人。

刘邦也不是不食人间烟火的圣人，刘邦在沛县乡里做亭长时，好酒好色。但是刘邦因时而变，并善于改正自己的错误，当刘邦的军队进了咸阳后，将士们纷纷争着抢着去找皇宫的仓库、往自己的腰包里揣金银财宝时，刘邦自己也曾被阿房宫的富丽堂皇和美貌如天仙的宫女弄得眼花缭乱，有些迈不动步了。但部下樊哙提醒他说："沛公要打天下还是要当富翁呢？"刘邦听了立时醒悟，忍住了贪图享乐的念头，下令封了仓库和宫殿，带着将士仍旧回到灞上的军营里，并约法三章，对百姓秋毫无犯，这就使他赢得了天下民心，也得到了民众的支持。

而项羽呢，他一进咸阳，就杀了秦王子婴，烧了阿房宫，收取了秦宫的金银财宝，掠取宫娥美女，并带回彭城。相比之下，项羽的行为怎能不失人心呢？其最终败给刘邦，本也在情理之中。

小不忍则乱大谋，适时变以成大功

宋代的苏轼在评论楚汉之争时就曾说：汉高祖刘邦所以能胜，楚霸王项羽所以失败，关键在于是否能忍。项羽不能忍，白白浪费了自己百战百胜的勇猛；刘邦能忍，养精蓄锐、等待时机，直攻项羽弊端，最后夺取胜利。刘邦可以成大业是他懂得忍下人之言，忍个人享乐，忍一时失败，忍个人意气；而项羽气大，什么都难以容忍，不懂得"小不忍则乱大谋"的道理。大业未成身先死，可悲可叹！

现实生活中，我们常能看到一些人一方面抱怨人生的路越走越窄，看不到成功的希望，另一方面又因循守旧、不思改变，习惯在老路上继续走下去。为什么会这样呢？其实就是因为人们不懂得因时而变，不撞南墙不回头。

当我们在人生的道路上遇到挫折和坎坷的时候，无论是他人还是自己都常常这样鼓励我们："坚持到底就是胜利！"所以，要想立于不败之地，就不要让思维被惯性所束缚，必须去掉心灵的枷锁。

当我们的坚持迟迟等不到结果的时候，总也不想放弃，总也想不到改变一下思路，其实，细想一下，适时地改变不也是人生的一种大智慧吗？改变一下方向又有什么难的呢？

我们要想生活顺利，事业成功，就得能分清事情的轻重缓急，大小远近，能因时势而变，该舍的就得忍痛割爱，该忍的就得从长计议，该做的事则一分钟也不要耽搁，这样才能巧妙处世，幸福生活。

有这样一则故事：人们听说有位大师几十年来练就一身移山大法，于是有人就找到这位大师，央求他当众表演一下。大师在一座山的对面坐了一会儿，就起身跑到山的另一面，然后说表演完了。

众人大惑不解，大师微微一笑，说道："事实上，这世上根本就没有什么移山大法，唯一能够移动山的方法就是——山不过来，我就过去。"

是的，有时我们的确无法改变生活中的一些东西，但是我们可以改变自己的思路，有时只要我们放弃了盲目的执著，选择了理智的改变，就可以化腐朽为神奇了。我们在碰壁的时候，不妨换个角度看看，也许会从另一方面看到成功在向我们招手。

观史悟道

刘邦在和项羽争霸时,其实就是在谁能见机行事,玩得更圆融上见出高下、决出雌雄的。这也是一种智慧的较量。谁能够挺住,谁就得天下,称雄于世;谁要是刚愎自用或者小肚鸡肠,谁就失去天下,一败涂地。我们做事其实也是一样的,很多时候,我们也要能因时而变,把事情做得更圆满,才能把事情做成功。

郭奉孝预知孙策遇害仇家

东汉末年的孙策是孙坚之子,他是个军事奇才。孙坚死后,在父业的基础上,他用了不几年的时间便平定了江南,使天下震惊,正在平定北方地区的曹操为了稳住并拢络他,甚至还不得不与他结亲。

孙策为人虽有大志,眼光也极为广远,但他也常不拘小事,更因武艺高强,艺高胆大,喜欢轻装简从,出外游猎。对此,他的谋士虞翻很不放心,总是劝谏他。虞翻说:"您轻出微行,侍从官员来不及整顿服装预为警备,不能很好地保护你,士卒们常常为此而感到苦恼。你作为一军的统帅,自己不庄重就不会有威严。白龙变化成鱼,豫且就可以射他的眼睛;白蛇自己放纵闲行,刘邦就可以杀他。希望你稍加注意才好!"

孙策知道虞翻说得对,也点头表示接受,但仍然不能改掉不重细节、私自出行的习惯。

孙策当时已尽得江东，更思一统天下，而当时曹操也正与袁绍在官渡相持不下，他便想率军渡江北袭许昌。曹操听说后大惊，他的一些谋士也觉得事态严重，需要提兵防范，只有郭嘉说不用，郭嘉字奉孝，是曹操的第一谋士，他说："孙策新并江东，所诛皆英豪雄杰，这些人都是能得人死力者，肯定会有刺客替他们报仇。然而孙策轻而无备，虽有百万之众，无异于独行中原也。若刺客伏起，一个人就能与他力战。所以我认为孙策必将死于匹夫之手。"

后来的事实果然为郭奉孝言中。建安五年四月，孙策又出去打猎。他骑的是一匹宝马，驰驱逐鹿，跟从的人跟不上。正当他遥遥领先地奔驰时，突然从草丛中跃出三人，弯弓搭箭，向他射来。孙策仓猝间不及躲避，面颊中箭，三人又围上前去，挺枪便刺，致孙策身中数枪，孙策也挺枪将三人刺伤。这时，后面的扈从骑兵才赶到，将三个人杀死。

原来，孙策曾杀死吴郡太守许贡。许贡为人乐善好施，有很多门客。在孙策平定江南时，许贡曾上表给朝廷，说孙策骁勇不下项羽，应该召回京师，控制使用，免生后患。此表被孙策的密探获得，孙策便捉住许贡，并下令将其绞死。许贡死后，其门客潜藏在民间，寻机为他报仇，这次终于得手。

孙策受伤很重，创痛甚剧，又不肯好好调养，终致伤处恶化。他自知不久于人世，便叫来孙权，给他佩上印绶，将江东大权交付于他，当天夜里孙策去世，年仅26岁。

细节之处多留心，预先防范免麻烦

做事认真细心，防患于未然，是聪明人的做法。明朝洪武年间，郭德成担任骁骑指挥，曾有一次进内宫，明太祖拿出两锭黄金放在他的袖子里，说："只管拿回去，不要说出去。"郭德成恭敬地答应了。等到他走出宫门的时候，把金子装在靴筒里，装出喝醉的样子，脱下靴子露出了金子。守门的人将这事报告给太祖，太祖说："是我赏给他的。"

有人为此责备郭德成。郭德成说："九重宫门防守的这样严密，暗藏金子一旦被发觉，岂不要说是你偷的？况且，我的妹妹在宫中侍候皇上，我进出皇宫不受阻挡，怎知道皇上不是以这个办法试探一下呢？"众人听了，都佩服郭德成的见识。

郭德成为防止意外事件的发生预先采取防范措施，稳扎稳打，终于不给别人打击自己的机会。但历史上也有那么一些人，防范心理较弱，也没有防范的措施和方法，为此吃亏上当，悔之莫及。孙策就是一个例子，他带兵征战四方，诛杀了那么多的英雄豪杰，有多少人对他切齿痛恨？有多少人想寻找机会报仇雪恨？可他却全然不放在眼里，单枪匹马，独自外出，其英雄胆气可嘉，而处事之能却甚为可怜！郭嘉深知孙策的这一缺点，便预言他必会死在这上面。

在现代也一样，我们要知道，做人，尤其是做聪明人，一定要牢记注重细节和防患于未然的重要性。有些人等到出现漏洞以后，才知道自己做错了，这是笨人所为。正如老子所说：天下大事，必成于细，天下难事，必成于易。注重细节，防患于未然，这是我们生活和做事业的必须要做到的。

观史悟道

做人必须要细心和有防患意识，因为事物发展往往有多种可能，既有好的可能，也有坏的可能。我们办事情，想问题，应该立足于可能性的复杂，从最坏处着眼，从细节上入手，使事情往最好处发展，千万不可掉以轻心、麻痹大意。

陆逊示弱骗关羽

东汉末年天下大乱,四方豪杰纷争,武艺超群的关羽跟随刘备征讨四方,威震天下,后来坐镇荆州。东吴的孙权也想占有荆州,曾数度威胁他,他不为所动,在刘备取得汉中之后,他以荆州为基地北攻曹魏,一度使得曹操欲迁都以避其锋。

但关羽有个弱点,就是凡事不知收敛锋芒,骄傲自大。后来孙权又想和蜀国交好,便想让自己的儿子娶关羽的女儿,但关羽却看不上孙权,还放言说:"吾虎女安肯嫁汝犬子乎?"

相反,东吴的大将吕蒙和陆逊,为人行事风格恰恰与关羽相反,他们不是担心别人不了解他们,而是有意低调做人,潜藏起自己的才能不使人知。当时吕蒙任汉昌太守,与关羽所管辖的公安、南郡地区边境相连,而关羽的勇猛如日中天,一直想兼并吕蒙的地盘,只是因为吕蒙的智慧与能力不可小视,所以关羽才迟迟没有动手,而是分兵攻打曹操所占领的樊城,并留下强有力的兵将守卫公安和南郡。

吕蒙知道了关羽的意图后,就定下计策,他假称自己身体有病,另派了没有名气的青年将领陆逊接替自己的职位。而陆逊到任之后,就以后辈的身份写信给关羽,言辞十分谦卑,目的就是想迷惑关羽。而关羽看了陆逊措辞谦卑的信,心里十分受用,又想陆逊不过是个毛头小子,应该不会有什么大能力,于是就掉以轻心了,将留守公安与南郡的重兵调往樊城,共同攻打曹操。

吕蒙和陆逊见关羽中计,就神不知鬼不觉地带着精兵,扮作客商顺江而下，将关羽设在沿江的哨兵全部擒获，继而发兵直取公安与南郡，守城的军将被打得措手不及，连吃败仗的情形之下，只好开门投降。

关羽闻报公安与南郡已为东吴占去，大吃一惊，急忙率军风风火火往回赶，却又在麦城中了吕蒙的埋伏，被生擒后又被斩杀，结果一代名将关羽就这样丧送在最了解自己的对手手下，实为可叹。

杜绝浮躁，踏实做事

现代社会世象浮华，以致人心浮动，大多数人都会自吹自擂，不肯踏实做好一些事，于是虽然这类人表现得好像处处比别人强，但实际却是一事无成，内心的茫然、困惑也只有他自己知道；而那些不声不响却做出了大事业的人，或者名声让人记在心里的人，都是那些低调做人、踏实做事的人。其实低调做人，踏实做事，实为现代人的一个修身要诀。

我们所熟知的雷锋就是一个很好的低调做人的楷模，他把有限的生命里所做的事情都写在了日记里，而从不向外宣扬，但他却使人们都记住了他。

1960年8月，抚顺地区发洪水，他所在的运输连接到了抗洪抢险的命令，雷锋忍着刚刚参加救火被烧伤手的疼痛，便又和战友们在上寺水库大坝连续奋战了七天七夜，被记了一次二等功。

有一次，雷锋连队所在的望花区召开了大生产号召动员大会，声势很大，雷锋上街办事正好看到这个场面，他取出存折上的200元钱急忙跑到望花区党委办公室要捐献出来，说是要为建设祖国做点贡献，接待他的同志实在无法拒绝他的这份情谊，只好收下一半。而剩下的100元钱，在辽阳遭受百年不遇洪水的时候被雷锋捐献给了辽阳人民。

在我国受到严重的自然灾害的情况下，雷锋以自己的微薄之力，为国家建设，为灾区捐献出自己的全部积蓄，却舍不得喝一瓶汽水。但是，雷锋并没有把自己做的这些事情和得到的成绩跟别人提起过，他默默地付出着，做着自己分内和分外的事情，从不计较利益与得失，成了人们尊敬和爱戴的人。

在事业和生活中，都要有低调的精神，就像孔子说的那句话"人不知而不愠"，越是"人不知"，就越是有利于有为之士建功立业。基本上所有伟大的事业，都是最低调的人生所成就的，所以我们任何时候都不应该急于让别人承认自己，越是你的才能得不到承认，就越是磨砺你的志向、养成你的个性、弥补你的缺陷和不足的最好时机。

但是世界上总有这么一些人，总是会因为过于高估自己而忽略了尊重别人，却不想想一个人只凭自己的才能是成就不了事业的，任何事业都是许多人合作而完成，如果你不知道应该在适当的时候闭上嘴巴，或者是在心里缺乏对别人的敬意，那么你的事业必然是一无所成。

观史悟道

如果不是特别需要，低调做人和做事相对而言会更容易和轻松一些，而那些唯恐自己的才能被人低估，总是迫不及待地替自己宣传造势，甚至不惜夸大其词的人，是很容易让自己栽跟头的。

徐晃把握战机破蜀军

东汉末年群雄割据，赤壁之战后，三国三足鼎立的局面初步形成，但这时的战事并没有停止。曹操占领汉中后，又为刘备所夺，蜀国势力一时大振，镇守荆州的关羽也想立功，便挥军讨伐曹操。

关羽先打了几场胜仗，曹操大惊，赶紧派大将徐晃、乐进协助曹仁讨伐关羽，大军驻扎在宛城。人算不如天算，当时正赶上了汉水暴涨，于禁的军队被关羽用暴涨的汉水围困，几乎全军覆没，失去了援助的曹仁也被关羽包围在樊城，这下就只有徐晃的军队还可以来援助曹仁。但是，徐晃看到自己的军队多是新兵，凭借现在的实力很难与关羽争锋，说不定自己也会被关羽所围困。

于是徐晃先找到驻扎之地休养生息，以等待时机，他率领军队在阳陵坡驻扎。当时蜀军正在堰城驻扎，堰城与阳陵坡是毗邻之地，阳陵坡的地理位置易守难攻，可以较容易地进攻堰城。徐晃便扬言要挖壕沟，截断蜀军的退路。蜀军听说后，唯恐徐晃真的挖壕沟截断了自己的退路，就连夜拔营撤走了。

徐晃占领堰城后，便在堰城的两边建立相连的营寨，然后就率领军队，向前逼近对手。这时，曹操派人来通知徐晃说，蜀军在围头以及其他的四处都驻扎有军队。于是，徐晃就故意让士兵放出风声，他们准备进攻围头，这样，蜀军自然就会把主力放在围头，以防止徐晃的进攻。但是，让蜀军意外的是，徐晃并没有进攻围头，而是率领大军攻击了其他四处营地。

关羽看到这四处的营寨即将战败，只能亲自率军迎战徐晃。由于仓促迎战准备不足，交战时蜀军逐渐处于劣势，关羽只得退回营寨。

徐晃知道蜀军的营寨极其难攻，一看关羽正率军要退走营寨时，他看到关羽此时已处劣势，心想若趁此机会一举攻入蜀军大营，或许能出奇制胜，于是便率军穷追不舍，紧随蜀军之后冲入营内，弄得蜀军营中大乱，双方在营中厮杀起来。

当时关羽营寨外围深壕及鹿角十重，障碍设施极为严密，若从营外强攻极为困难。现在徐晃乘其军陷于混乱之机，由内突袭，一举大破蜀军，还斩杀蜀军的几员大将。这时，关羽又惊悉根据地被东吴吕蒙和陆逊算计，以至江陵失守，只得撤围退走。这样樊城之围遂解，曹仁也顺利脱险。

曹操在战后听说了徐晃把握机会出奇制胜的战法，就表扬他说："徐将军一战而胜，陷入敌人包围后，还斩杀了数量众多的敌兵。我指挥行军作战30多年，也不敢如此行兵打仗。就是古代擅长军事的将领，也没有敢把自己的军队长驱直入敌人的包围圈之中的。徐将军的功劳，超过了孙武和田单啊。"

明察机会，及时把握

上面的故事中，曹将徐晃在与蜀将关羽作战时利用了制造假相，假装攻击他处以迷惑敌人的战略。不攻而示之以攻，攻而示之以不攻，如此搅乱敌人的视线、迷惑敌人的心理，敌人就搞不清真正的进攻方向，就能为自己的胜利打下基础。而接着徐晃在探知蜀军的军事部署之后，故意放出要攻打围头的风声，让蜀军对其他四处放松了警惕。这时，徐晃就攻蜀军不备，并在撤退时顺势攻入营内，从而一举获胜。此计的关键就在于清楚对方的部署要点，真正明白对方的薄弱环节，抓住机会以获取全胜。

在现实生活中，我们要发展自己的事业，要成就自我，怎样去把握身边的机会呢？我们应该首先让自己敏感起来。比如你要经商，就要有商业敏感。比如红石地产的总裁潘石屹，他的成功就是与他能把握机会分不开的。

有谁能够从别人的一句话里听出8亿元的商机，而且是隔着几张桌子的几个不相干之人的一句话？别人不能，但潘石屹能。1992年，潘石屹还在海南万通集团任财务部经理。万通集团由冯仑、王功权等人于1991年在海南创立。万通成立的头两年，通过在海南炒楼赚了不少钱。1992年，随着海南楼市泡沫的破灭，冯仑等人决定将万通移师北京，便派潘石屹打前锋。

潘石屹奉冯仑的将令，带着5万元差旅费来到了北京。这天，潘石屹在怀柔县政府食堂吃饭，听旁边吃饭的人说北京市给了怀柔四个定向募集资金的股份制公司指标，但没人愿意做。潘石屹一听就知道这指标可以为他赚来很多钱，他就不动声色地跟怀柔县体改办主任边吃边聊："我们来做一个指标行不行？"体改办主任说："好哇，可是现在来不及了，要准备6份材料，下星期就报上去。"

潘石屹立即将这个信息告诉了冯仑,冯仑马上让他找北京市体改委的一位负责人。这位领导说:"这是件好事,你们愿意做就是积极支持改革,可以给你们宽限几天。"做定向募集资金的股份制公司,按要求需要找两个国有的发起单位。通过各种关系,潘石屹最后找到中国工程学会联合会和中国煤炭科学研究院作为发起单位。万事俱备,潘石屹打电话跟冯仑和王功权商量,最后注册了8个亿。

这就是潘石屹那个"一言8亿"的传奇故事。

再如现任上海云海实业股份有限公司董事长施有毅,他是上海洗浴业和餐饮业的重量级人物,但他也是依靠把握机会发达起来的。比如有一次,我国公安部发布法令,严禁驾驶员过度疲劳驾驶车辆:从事公路客运的驾驶员,一次连续驾驶车辆不得超过3个小时;24小时内实际驾驶时间累计不得超过8小时。他得知后的第一反应,就是决定到高速公路旁边去修汽车旅馆,一下解决了驾驶员的疲劳问题,也让他做成了自己的又一项大事业。

所以,现实中能帮助我们成功的机会和机遇其实有很多,关键是看我们有没有发现的眼睛与抓住它的双手。因此在做事情时,我们不要放过任何一个对自己有利的机会,要懂得如何让机会帮助自己成功。

观史悟道

把握时机对事业发展是很重要的。我们要知道,某些机会对成功而言具有极其重要的作用,犹如哥伦布探索新大陆的眼睛,只有你把握机会,你才能发现"新大陆",从而更好地创业。

羊祜善待对手瓦解敌军

三国后期，魏国由司马氏实际掌权，司马昭派兵灭了西南的蜀国，这样就成了魏吴隔长江对峙的局面，晋武帝司马炎称帝以后就有灭吴的打算，他任命羊祜为都督，让其统率大军镇守荆州和襄阳一带，以伺机进伐东吴。

羊祜是西晋著名的军事家、战略家，为人极具战略眼光和谋略，当时西晋王朝之所以能够顺利吞并东吴，和羊祜的贡献有很大的关系。

羊祜来到前线，却并没有急于进行军事进攻，而是实行"怀柔"政策。他在晋吴边境开设学校，赈济灾民，晋吴两国人都可以从中得到好处，这样的措施使晋朝赢得了吴国的民心，羊祜也很快得到这一带吴国百姓的拥护。他还对吴国人开诚布公，凡是以前来投降的人，若想要再离开这里也绝不阻拦，去哪儿都可以。

两国的驻军其实离得很近，史载吴国在石城的守兵距离晋军镇守的襄阳只有七十多里路，于是吴军就常常前来襄阳侵扰。但羊祜却使计让吴国自行撤消了石城的守备，使两地能够和平共处，这样他就可以减少一半戍兵，而分出去的戍兵开垦了800余顷田地，多打了不少军粮。

羊祜刚到这里的时候，军队没有百日的存粮，后来经过他的治理，居然积蓄了可供十年之用的储粮。晋武帝听说羊祜的治理成绩后，下令撤销江北都督，设置南中郡，将这里原有的各军都归羊祜统领。之后羊祜又对晋吴交界地区进行了整体的规划部署，他在一些易守难攻的险要地带建造了五座城，终使得吴国石城以西尽归晋国所有。他曾率兵收取东吴大批肥沃的土地，但他却将这些土地交给原来就在这里的吴国人耕种，并减少税收。从此，吴国来投降的人络绎不绝。羊祜就更加提倡实施恩德信义，用怀柔政策来笼络刚刚归附的人。

两军相峙，免不了要交战，但每次和吴军交战时，羊祜都会先约定好日期才开战，绝不搞突然袭击。吴国的将领陈尚、潘景带兵进犯，为羊祜所败，两人拒不投降，羊祜就杀了他们厚加殡殓，并称赞和宣扬他们的气节。

羊祜集合部队在江沔一带演习时，一般总是在晋国境内，有时羊祜的军队出行会经过吴国的地段，没有军粮时就收割地里的稻谷作为粮食，但他会计算好收割稻谷的数量用绢或用钱偿还给东吴百姓。如果吴国人打猎后的禽兽被晋兵所得，他就让人送还给吴国人。于是，吴国人都对他心悦诚服，尊称他为"羊公"。

当时吴国的主要将领是陆抗，虽然双方互相交战，但两军使者常有来往。陆抗十分称赞羊祜的德行和度量，认为即使乐毅和诸葛亮也不能与他相比。有一次陆抗生病了，羊祜了解到他的病情后，就派人给他送药去。陆抗很高兴，一点儿也没有怀疑，他身边的人怕药里有毒，便劝阻陆抗不要喝，而陆抗却说："羊祜哪里是个会下毒害人的人呢？"接过药就服下了，药也果然没有问题。

羊祜如此对待东吴人，陆抗当然也心知肚明羊祜的打算，因此他常常告诫部下说："如果羊祜他们专门施德，而我们专用暴力，这就会不战自败啊！现在只要各保自己的疆界就可以了，不要去追求小利。"所以陆抗对待两国军民也很好。

当时吴国的皇帝孙皓听说吴晋边境相处得非常好，便责问陆抗是怎么回事。陆抗回答说："要管理一个小地方尚且不可以没有信义，何况泱泱大国！我如果不这么做，就只会使羊祜的名声更大，不但对他毫无损伤，反倒帮助了他。"

羊祜的目的是帮助晋朝收复东吴，他的眼光是极其长远的，在对吴国军民实行怀柔政策的同时，他也注重修缮盔甲训练士兵，作了周到的军事准备。有一次他上书给晋武帝说：蜀地平定已经13年了，现在吴国的孙皓暴虐无道，吴国的百姓困苦不堪，而我们晋军的力量比过去更加强大，应该抓住时机，平定东吴统一天下啊。同时他还对灭吴的战略战术也提出了许多独到的见解，晋武帝非常赞同他的意见。

后来羊祜生了重病，不得不回到洛阳养病，这时他又抱病向晋武帝当面陈述伐吴大计。此后晋武帝还派中书令张华去询问他的筹划和策略。但羊祜病情越来越重，他便推举杜预接替自己，不久便病逝了。

之后不久，晋军开始对东吴全面进攻，此时吴国上下离心，民生凋散，很快便被晋军平定，西晋终于迎来了南北的统一，朝廷君臣庆功时，晋武帝流着眼泪对大家说："这其实都是羊祜的功劳啊！"

"怀柔"战术效率高

在古今中外的军事和政治斗争中，历来就有以攻心为目的的"怀柔"战术，不过要真正做好它也非易事，羊祜能对敌军施以礼义，对敌国百姓提倡仁德，通过安抚、笼络，瓦解了敌军的斗志，获得了敌国的民心，为己方最后的胜利铺平了道路。

其实，"怀柔"就是要能以宽容、关爱的态度待人。不管是什么样的人，只要你能以宽容友爱的态度待人，让人享受到你的好处，那么你就能受人爱戴和拥护。

一次课堂上，老师在讲课时发现有一位同学时常低着头画些什么，他便在讲完后走过去看一看，原来学生在画画，他就拿起学生的画，发现画中的人物正是自己，而且被学生丑化了，看上去非常凶。但这位老师并没有发火，他笑了笑，让这位同学课后画一幅更像的。

这位学生本以为要被老师严厉地批评一通，却发现老师并没有责备他，心里很感动，自此以后，这位同学上课再也没有画画，各门功课都学得不错，而且成为了学校的漫画家。正是老师的宽容唤起了那位同学的自我批评意识，纠正了他的人生态度。

在日常生活中，我们也都会发现有些人总是因为别人的一次冲动误解，而和别人断绝关系，或者对别人进行报复，或在背后算计别人。我们要知道，缘分能让人们由陌生人成朋友，而猜忌和刻薄的态度则能让要好的朋友翻脸成仇，因此，人与人之间彼此的谅解、包容、关爱，才能使感情长久维持。

多一份宽容，多一份关心；少一份嫌弃，少一份猜忌，少一些烦恼，这将使我们做事更加顺利，生活也更加美好！

观史悟道

从某种角度上看，宽容别人就是宽容自己！谅解别人就是善待自己！每件事情，当你学会站在别人的角度考虑事情的时候，也许一切可以变得比想象中的要清晰！宽容谅解乃生活之本！宽容他人！善待自己！在生活中，我们要做到包容共济、兼容并蓄，才能追求到人生厚德载物、上善若水的完美境界。

石勒假做谦卑杀王浚

西晋末年，任大司马的王浚在蓟城（今北京）都督幽冀诸州军事。此人在幽州骄奢淫逸，民心背离，原来依附于他的鲜卑和乌桓人也都离他远去。

在这个时候，北方的大军阀石勒刚攻占了襄国（今河北邢台），力量大大加强，又被匈奴汉国昭武帝刘聪任命为散骑常侍，封上党郡公，便欲吞并王浚的地盘。但王浚的军力强大，石勒怕硬战不是他的对手。在双方交战之前，石勒想先派使者作实地观察，他征求右长史张宾的意见。张宾说：“王浚虽然是晋国的藩臣，但他一直想凭借自己掌握的军权而南面称帝，只是担心四海英雄不予支持。将军您已经威震天下，现在您可以用最谦卑的词语、最厚重的礼物去结交他，使他对您不猜疑。然后采用奇谋妙计，他也就不会防备您了。”

石勒认为张宾说得很对，就派手下的王子春、董肇等人带了大批的金银财宝去蓟城晋见王浚，并上书劝他即位做皇帝。书上写道：“我石勒只不过是个小小的胡人，遭遇乱世饥荒，逃亡到冀州聚集些人马，只为了保全性命。而今晋国国运已衰，中原无主，百姓无所依靠。殿下是四海英雄仰慕的明公，能当帝王的除了您还有谁呢？我之所以舍弃生命，兴义兵诛暴乱，就是为了给殿下扫除障碍。切望殿下能应天顺时，早日登上皇位。”

王浚正在为手下无将而发愁，听说石勒愿意归附，自然大喜过望。但他还有疑虑，便问王子春等人：“石公也是豪杰，占据着北方的许多土地，为什么对我称臣呢？”

王子春回答说：“石将军确实如您所说的那样英明能干，力量雄厚。但与明公相比，就好像月亮比太阳，江河比大海啊！自古以来有胡人成为名臣的，但没有成为帝王的。石将军并不是不喜欢当帝王，而是因为帝王是不可以用智慧和力量夺取的，如果强取就一定不为天人所容。这也是石将军的智谋超过一般人的地方。希望明公不要多疑。”王浚听后非常高兴，便封王子春等人为列侯，还派使者带了土特产和财物给石勒作为回报。

不久，王浚镇守范阳的司马派密使投降石勒，石勒把密使杀了，把他的脑袋送给王浚以表示自己的忠诚。这下王浚就更加信任石勒了。

一年之后，王子春等人和王浚的使者一起回到襄国。石勒把他的精锐部队和优良的武器装备全都藏匿起来，让王浚的使者看的尽是些空虚的仓库和老弱士兵。石勒对使者毕恭毕敬，面朝北方向他行礼，又恭恭敬敬地接过王浚的信。王浚送给石勒一个麈尾，石勒假装不敢拿在手中，把它挂在墙壁上，早晚向它叩拜，说：“我不能见到主公，现在见到主公的赏赐就跟见到主公一样。”

他再派董肇上表章给王浚，并约好日期亲自去幽州蓟城，要向王浚奉上皇帝的尊号。另外又写信给王浚的亲信，请他为自己美言，希望能任并州（今山西太原）牧，封广平公。王浚的使者回到蓟城报告说：石勒兵马很少力量微弱，款待使者热诚真挚，毫无二心。王浚大悦，完全了相信石勒，对他再也不作防备。

当年三月，石勒率精锐部队抵达易水。王浚的督护孙纬发现后派人飞报王浚，说石勒有入侵的可能，同时准备迎战。王浚手下的将领听说后也都请求出击石勒，而王浚却大怒道："石公这次前来，正是要拥戴我，谁再敢说要出击石勒，定斩首不赦！"大家不敢再说什么了，王浚便又下令设宴等待石勒。

第三日凌晨，石勒带兵到达蓟城，高声喊开城门。城门打开之后，石勒还恐怕里面有伏兵，先驱使几千头牛羊入城，声称是给王浚送的礼，实际上是要堵塞大街小巷使王浚无法发兵。

这时王浚才害怕起来，坐卧不安不知所措。还没等他想出主意，石勒已经来到王浚的住处，命人把王浚抓来，并命部将把王浚押解到襄国去。王浚半路上投水自杀，护送人员又把他从水中拖出，终在襄国街市上斩首示众，其下场真是可怜。

正奇互用，示假隐真

在一些较复杂的事务中，如果我们以为已经防范得十分周密了，就容易麻痹大意，松懈轻敌；经常见到的事物，看惯了，便不会产生怀疑。石勒的实力和王浚相比并不弱。但他却善用计谋，给王浚以软弱、可靠的假象，使王浚心中放松对他的警惕，而使自己能轻而易举地进入王浚的腹地将其生擒。

《孙子兵法》中说凡战应"以正合，以奇胜"。如今的时代这道理同样行得通，比如在激烈的商战中，情报的重要性与日俱增。商业间谍已经无孔不入地窃取商业情报，有时因情报泄密造成的损失是无法估量的。因此，竞争的双方为了隐蔽自己的真实意图，常常用"示假隐真"之计来迷惑敌方，让其上当。

当初，美国的航空公司之间竞争十分激烈。环球航空公司通过提高服务质量、降低票价，争取了不少客户，声誉日隆，这就引起了它的老对手太平洋航空公司的注意。于是，太平洋公司派出间谍乔装成顾客去刺探情报。

环球航空公司每周在候机大厅公布本周搭乘旅客的数字，从这一数字上看，他们的生意平稳，每周只在一万人左右。间谍将这一情况报告太平洋航空公司，他们觉得对手虽然大张旗鼓地宣传，但成绩不过尔尔，不必担心。

谁知两年后，环球航空公司突然显示每周的旅客达三万左右，并将所有的机票降价百分之十五。太平洋航空公司猝不及防，仓促应战，宣布降价百分之二十五，对方毫不示弱，立即降价百分之三十五。结果几经周折，太平洋航空公司大伤元气，一年后，已经没有实力与对方抗衡，公司倒闭了。

环球航空公司就是以提供假情报麻痹对方，暗中却积蓄力量，待羽毛丰满后，一举出击，终于打败了对方。

在处世中，也有人用"瞒天过海"这一策略做事情，其目的主要是示假隐真，从而达到自己想要的结果，不过这样的处世策略多被人认为有些阴险，使用者不可用其做损人利己之事，不然一旦被揭穿，反作用可也大着呢。

◎ 观史悟道 ◎

人们在观察处理事情的过程中，由于对某些事情司空见惯，不自觉地在心理上产生了疏漏和松懈。这样对手就容易乘虚而入，并把握时机出奇制胜。要知道，阴谋诡计往往隐藏在明摆着的事物中，所谓"正大光明"之中反而暗伏着不可告人的机密，所以我们在做一些比较复杂的事情时，应睁大眼睛，仔细思辨，以防上当。

李靖把握机会灭敌国

唐朝初期，活动在北部边疆地区的东突厥经常侵扰大唐的国土，对边疆的安宁造成了很大威胁。公元620年，东突厥颉利可汗即位。他为了发展自己的势力，几乎年年南侵唐朝，杀戮唐朝边境的人民，抢夺那里的女人、财产和牲畜。

唐太宗李世民即位不几天，颉利可汗认为有机可乘，就亲自率领十几万骑兵，再次进犯泾州（今甘肃泾川西北），东突厥大军长驱直入来到渭水的便桥之北，直逼京都长安。当时各州增援的兵马都还没赶到，长安城里能参战的市民只有几万人。在这样的形势下，李世民亲自率领军队来到渭水桥边，斥责颉利背信弃义。面对李世民过人的勇气和威严，颉利暗自叹服，对于李世民对他的斥责，颉利也无话可说，他又看到唐军戒备森严，不敢轻举妄动，结果只好与李世民在桥上设盟后退兵。

从此，李世民对军队加强军事训练，提高官兵的战斗力，整顿府兵制度，并任命战功卓著的李靖为兵部尚书。

不久，东突厥国内发生了变化，薛延陀、回纥等部落因不满意颉利可汗到处征战，接连反叛脱离颉利。加上那年冬季又遇到暴风雪，冻死了许多牛羊，国内发生饥荒，突厥人纷纷逃离当地。李世民接受大臣的建议，于公元629年任命李靖为定襄道行军总管，率十几万大军分道进攻突厥。

第二年正月，李靖率领三千名骑兵，冒着严寒，悄悄从马邑（今山西朔县）出发，突袭定襄。颉利可汗没想到唐朝军队会突然到来，吓得大惊失色。这时，李靖率部队乘夜色的掩护，一举攻进了定襄城。颉利可汗慌忙逃到碛口（今内蒙古二连浩特西南）去了。

颉利可汗在逃跑的途中，又遇到了并州都督李勣的埋伏，被杀得溃不成军，国内只剩下几万军马了。于是他派人到长安求和，还表示愿意亲自入朝请罪。其实他心里正在盘算，想争取时间，在草青马肥的时候逃到漠北去，以便今后实力壮大了，再卷土重来。

李世民派鸿胪卿唐俭作安抚使，去安抚颉利，又命李靖率兵迎颉利入朝。而李靖在这时突然有了一个大胆的想法，认为此方法一旦实施，便可以一劳永逸地解决来自东突厥的威胁，遂决定先不经李世民同意而自行实施，于是他赶紧催军在白道（今内蒙古呼和浩特北）与李勣的大军会合，见面后他对李勣说："颉利虽打了败仗，手下还有不少人。如果让他穿过碛口逃走，那么道路遥远，再追就难了。现在皇上派的使臣唐俭正在他那儿，他心中必定松懈。我们只要选一万精骑兵，带20天口粮去袭击他，不用作战就可以抓住他。"

李勣一直称李靖为老师，对他的军事才能非常佩服，听了他的计划，心中一思索，也认为此举非常可行，便表示同意。两人商定由李靖直击颉利可汗的老巢，而李勣则去堵颉利的退路，准备将他活捉。商定后李靖率部队连夜出发，李勣则带兵紧跟着作战略迂回。

事情果然如李靖所料，颉利可汗见到李世民派的安抚使唐俭后，心中放松了警惕。李靖的前锋苏定方率精锐之师乘着大雾悄悄前行，一直到离颉利可汗营帐只有七里的地方才被发现。颉利可汗慌忙骑千里马北逃，想越过大漠，但他在碛口受到了李勣的阻击，他手下的大酋长率领众人投降，只有极少的人护着颉利可汗逃跑。然过不多久，颉利可汗被大同道行军总管、任城王李道宗抓住，李道宗立即将他送到京都长安，东突厥就此灭亡了。

在此次作战中，李靖大军杀敌一万多人，又俘虏了十几万人，李世民对他的战略行动称赞有加，封其为代国公，赏赐极厚，李勣的收获也非常大，所得封赏也很多。

东突厥俘虏被押送到长安后，李世民对这些俘虏十分优待，其中的酋长、将帅，不少人都被留在朝廷中，担任了职务，仅五品以上的官员，就有一百多人，连颉利可汗也得到了右卫大将军的称号，死后还被封为"归义王"。迁居长安的东突厥部众则有近一万家，将近俘虏人数的一半。

　　为了安置其他东突厥人，李世民在幽州（今北京）和灵州（今宁夏灵武西南）之间，设置了顺、佑、化、长这四个州，又把颉利统治的漠南地区分为六个州，让所投降的东突厥各部落酋长任都督刺史，统领这些部下。

　　东突厥灭亡后，大唐政权有效地控制了西部的边疆地区，使中原与西域的经济文化交流能顺利地开展。李世民在西北各民族中的威信也极大地提高了，回纥等各族的部落首领都来到长安，朝见大唐天子，并尊李世民为"天可汗"。

把握机会，果断决策

　　其实在人生之中，处处都有这样那样的选择，而在这个时候，最需要果断地做出抉择。人们常说"当断不断，反受其乱"，在上面的故事中，如果李靖在关键时刻犹豫不决，或者他上书李世民后再采取行动，虽然他有好的军事计划，但战机稍纵即逝，不能当机立断的话，势必不能成如此大功。作为一个军事家，李靖在关键时刻的抉择能力是非常出色的。

　　人生是一个不断选择取舍的过程，有选择就会有成本。经济学中有一个名词叫机会成本，又称择一成本，简言之就是为了得到某种东西而放弃的其他东西。在人生的各个阶段，都面临着种种选择，都有一个机会成本是大还是小的问题。不同的选择造就不同的人生。

　　有这样一则寓言：一头毛驴要吃草，毛驴的左右两边各放一堆青草，先吃哪一堆呢？毛驴在犹豫不决中饿死了。美国总统林肯曾说过：所谓聪明的人，就在于他知道什么是选择。许多人一生碌碌无为，就是因为舍不得放弃机会成本。这就是机会成本对人生的影响。

　　人生只有一件事不能选择——就是自己的出身，其他一切都是自己选择的结果。哲学家萨特曾说："人有选择的自由，但是人没有不选择的自由。"这位大师的话道出了这样一个真理：人生处处有选择。

观史悟道

有人说在人的一生中最重要的两件事情是：善于选择和敢于放弃。敢于主动放弃，即标志着新的人生的开始。我们常说"好汉不提当年勇"、"置之死地而后生"，其实就是把机会成本变为零。只有大抱负的人，才敢于把现有的机会成本主动降低，甚至降低至零，然后做出人生新的选择。

孙万荣连环诈计破唐军

唐朝贞观之后，北方的契丹族开始兴起，他们不时地进犯唐朝边境，制造了很多事端。公元690年，契丹又派军攻占了营州（今河北昌黎）。武则天派曹仁师、张玄遇、李多祚、麻仁节四员大将征讨，想夺回营州，平定契丹。

契丹军的先锋大将孙万荣熟读兵书，颇有机谋。他知道唐军声势浩大，正面交锋与己不利，便想好了应对的计策。他首先在营州制造缺粮的舆论，并故意让被俘的唐军逃跑，唐军统帅曹仁师见一路上逃回的唐兵面黄肌瘦，并从他们那里得知营州严重缺粮，营州城内契丹将士军心不稳。曹仁师心中大喜，认为契丹不堪一击，攻占营州已是指日可待。

唐军先头部队张玄遇和麻仁节部，想夺头功，便向营州火速前进，他们一路上还见到从营州逃出的契丹老弱士卒，这些人自称营州严重缺粮，士兵纷纷逃跑，并表示愿意归降唐军。张、麻二将更加相信营州缺粮、契丹军心不稳了。他们率部日夜兼程，赶到西硖石谷（位于今河北迁安县境内),只见道路狭窄,两边悬崖绝壁。按照用兵之法,这里正是设埋伏的险地。可是,张、麻二人误以为契丹士卒早已饿得不堪一击了,加上夺取头功的心情驱使,不顾危险地下令部队继续前进。

唐军络绎不绝地进入谷中,艰难向前行进。黄昏时分,只听一声炮响,顿时箭如雨下,唐军人马践踏,死伤无数。孙万荣亲自率领人马从四面八方进击唐军。唐军进退不得,前有伏兵,后有骑兵截杀,不战自乱。张、麻二人被契丹军生擒。

而这还不算完,孙万荣又利用搜出的张、麻二人的将印,立即写信报告曹仁师,谎报已经攻克营州,要曹仁师迅速到营州处理契丹头人。曹仁师早就轻视契丹,接信后深信不疑,马上率部奔往营州。大部队急速前进,来到峡谷后想都没想便要从中穿过赶往营州。结果自不用说,这支目无敌情的部队又重蹈覆辙,在西峡石谷遭到契丹伏兵围追堵截,全军覆没。

诈计诱惑须提防,抛砖引玉用正道

只要是诈计,多用诱惑之法。诱人之法甚多,最妙之法,不在疑似之间,而在类同,以固其惑。"抛砖引玉"即为其道,它可以让我们做事更加有目的性和方向性,并且得到的效率也不一般。它出自《传灯录》,书中记载唐朝时有一个叫赵嘏的人,他的诗写得很好,曾因为一句"长笛一声人倚楼"得到一个"赵倚楼"的称号。那个时候还有一个叫常建的民间诗人,他的诗写得也还不错,但是他自己也认为没有赵嘏写得好,便想向赵嘏求教。

有一次,常建听说赵嘏要到苏州游玩,他十分高兴。心想,这是一个向他学习的好机会,千万不能错过。用什么办法才能让他留下诗句呢?他想,"赵嘏既然到苏州,肯定会去灵岩寺的,如果我先在寺庙里留下半首诗,他看到以后会补全的。"于是他就在墙上题下了半首诗。

赵嘏后来真的来到了灵岩寺,在他看见墙上的那半首诗后,便提笔在后面补上了两句。常建的目的也就达到了。他用自己不是很好的诗,换来了赵嘏的精彩的诗。

后来人们说，常建的这个办法，真可谓"抛砖引玉"了。此计用于军事，是指用相类似的事物去迷惑、诱骗敌人，使其懵懂上当，进入到己方圈套，然后乘机击败敌人的计谋。"砖"和"玉"，是一种形象的比喻。"砖"，指的是小利，是诱饵；"玉"，指的是作战的目的，即大的胜利。"抛砖"，是为了达到目的的手段，"引玉"才是最终目的。这就像是钓鱼，需用钓饵先让鱼儿尝到一点甜头，它才会上钩；敌人占了一点便宜，才会误入圈套，吃大亏。

无论是政治上，军事上，还是商业活动中，都不乏这种诱骗术、掠夺术和谋取术。比如在现代，只要人们注意，经常可以看到大奖酬宾之类的活动，比如出售饮料，声称瓶中有一个什么奖，但即使你全买了，也找不到那个奖。

原来，那所谓的奖根本不存在，只是厂家的几句富有诱惑力的语言在引诱你出钱，这也是诈欺人的诱惑之术！还有一些骗子公司，号称资金数亿，高薪诚聘高级职员，欲应聘者，先交50元报名费，大家觉得50元不算多，于是成千上万的人去报名，没有一个人真正受聘；这里的实情是，高薪职位是幌子，是抛出的"砖"，报名费才是他们想引进的"玉"，1万人报名，便可收50万，这种无本万利的买卖，正是那些黑心商人的罪恶伎俩。

我们为人处世，经营事业，不可以靠诱骗赢取利益，但我们可以把它用在好的方面，比如在学业上、交友上等等，或者预防别人对我们施以利诱，这也是有积极意义的。

观史悟道

《三十六计》中有"抛砖引玉"这一计，就是说要先施以诱饵，才能得到更大的利益。这是诱惑人的伎俩，我们在做事情时一定要懂得提防。

成吉思汗顺势而行统一蒙古

元太祖铁木真（又称成吉思汗）由一个落难王孙一跃而成为一位统领群伦的领袖。铁木真的父亲也速该本是个部落领袖，他与其他部落领袖们一样，常常带领部落的人在大草原上与其他部落互相杀伐，后来也速该被塔塔尔人毒害，之后族人离散，铁木真一家过着流离的生活。因此，青少年时代的铁木真饱经磨难，但这样的生活却锻炼了他多方面的才能，使他成为一个非常懂得审时度势的人，他的性格英勇果决、有度量、有眼光、能容众、重信义，这些素质正是作为领袖人物的必备特征。

铁木真有了一些资本后，赢得了草原一些部落的尊重，他曾与另一个部落首领札木合结为兄弟，这时的他实力还很不济，蒙古部众大都在札木合控制之下，铁木真审时度势，知道自己必须先找个靠山，于是就投靠札木合，随他游牧。在追随札木合时，铁木真笼络人心，招徕人马，待实力和时机成熟时，他脱离了札木合，建立了自己的部落。

1189年，铁木真称汗。札木合便率领札答兰、泰赤乌等十三部来攻，铁木真兵分十三路迎战，史称"十三翼之战"，因实力不敌而败退，铁木真又不失时机地示降，得到了宽恕，于是自己又有了东山再起的时间。

此时金国强盛，铁木真又一次审时度势，看到了倚仗金国而统一蒙古的光明前景，就实施了这一明智的战略计划。1196年，铁木真联合克烈部脱里汗出兵助金，于斡里札河（今蒙古东方省乌勒吉河）打败塔塔尔人。金国朝廷授铁木真以察兀忽鲁（部长）官职，封脱里汗为王（脱里从此称王汗）。之后，铁木真与脱里汗联兵攻打古出古乃蛮部，回师途中又与乃蛮本部相遇。脱里汗见敌势盛，不告而退，把铁木真留在乃蛮兵锋之下。铁木真发觉后就迅速撤兵，回到自己牧地撒里川（在今蒙古克鲁伦河上游之西），这一下反而把脱里汗暴露在敌前，结果脱里汗被乃蛮部打得大败。

但因为有许多蒙古部众在脱里汗处，铁木真审时度势，怕他们被乃蛮部吞并，那将对自己更加不利，便又派被称为四杰的博尔术、木华黎、博尔忽、赤老温领兵援救脱里汗，击退了乃蛮兵。

之后，铁木真在蒙古草原各部落争战中，利用部族的各种矛盾，纵横捭阖，逐渐摆脱了对王汗的臣属地位。1201～1202年，铁木真和脱里汗联兵，与札木合联盟（塔塔尔、乃蛮等部落联盟）大战，终于战胜了他，札木合投降脱里汗。1202年，铁木真消灭了四部塔塔尔，占领了呼伦贝尔高原，实力猛增。

审时度势就是要求我们在做事情时，一定要因时制宜，合于时宜则动，不合时宜则静。铁木真正是这样，凭着超人的能力和眼光，审时度势地走出了乌云压城般的险境，矗立于草原的天地间。

1203年，脱里汗对铁木真发起突然袭击，铁木真败退到哈勒哈河以北。不久，铁木真乘脱里汗不备，奇袭脱里汗牙帐，致其最重要的克烈部亡。同年，汪古部也归附铁木真。1204年，铁木真消灭了乃蛮太阳汗的斡鲁朵，成为蒙古高原最大的统治者。

1206年，铁木真在斡难河（今蒙古鄂嫩河）源召开忽里台大会，即蒙古国大汗位，号"成吉思汗（意为深入海一样的大王）"。之后的几年时间内，邻近的吉利吉思、畏兀儿、哈剌鲁等部分别归附成吉思汗，至此成吉思汗已基本统一了全蒙古。

得势后的成吉思汗并没有就此息兵，他再次审时度势，认为这正是自己统一全天下的好时机，此时应先消灭掉一些小国，对南面的宋朝和金朝形成包围之势，再伺机灭之。遂于1205年、1207年和1209年三次大举入侵西夏。1211年，又率领大军南下攻金。1215年，蒙古军占领中都，在辽西消灭金守军，攻占北京（在今内蒙古宁城西）。1218年，灭西辽。1219年，成吉思汗率20万大军西征花剌子模国。他几路进兵，分割包围了各战略重镇，各个击破，1220年将其占领。后又攻下克里木半岛、呼罗珊等地。1226年,成吉思汗出征西夏,次年西夏国灭亡。1227年夏历七月十二日,成吉思汗病逝,临终提出联宋灭金的战略。后来他的子孙依照他的战略灭掉了金国和南宋,建立了元朝。

明辨时势,相时而动

"审时度势"的意思是审察时机,忖度形势。也许我们有时所要面对的形势变化相当复杂。这就需要我们不断对形势进行深入细致的分析,做出正确的判断之后,采取相应的经营策略和手段来适应形势的变化。如果对变化的形势麻木不仁,不能做出正确的分析判断,还是我行我素,因循守旧,沿用老一套的方式方法,其结果往往会失败。

元太祖铁木真的成功,就与自己能审时度势,相时而动有很大关系。作为一位空前的草原霸主,铁木真以政治家的大视野、大魄力、大胸怀,审时度势地做出了一系列史无前例的军事、政治、经济、文化的决策,改写了草原的历史。而若其不能审时度势,在关键时刻不能权衡利弊,择其善者而为之,又怎么会有那么大的成就呢?

审时度势,相时而动,才能顾全大局,做出正确决策。创建于1955年的美国唐纳生公司曾在短短的15年时间里成为华尔街第一个为大众服务的财务公司。但到70年代中期,唐纳生公司陷入困境,从1973年到1977年这5年间,竟有3年的收入是下降的,尤其是1974年更是亏损严重。

总经理卡素对此进行了认真的分析研究,认为公司在1973年开始走下坡路只是华尔街市场衰退的局部反映而已。"我们在头15年所获得的巨大成功,使我们过于自信,误认为能在金融服务的超级市场内战胜一切竞争对手,从而迷失在危机四伏的竞争战场上。""就我们的自身问题来说,当我们的业务发展到比较复杂而可能起伏不定的时候,我们并没有建立必要的制度,以具有建设性的方式来发展我们众多专业人员的创造力和革新力,这些本是我们公司的优点,但我们却没有按照最基本的方法,来评价日常业务的进行,以及如何安度艰难的时期。"

针对这些问题,唐纳生公司采取了综合性的策略,重新制订目标。唐纳生公司重新估量了自身的力量之后,开始研究投资的方向,看看何处可以集中公司的力量,以发挥专长,保持特性。为了建立公司在投资研究业务上的领导地位,唐纳生公司投入了投资管理这一前景看好的市场,很快就囊括了华尔街一半以上非信托公司的员工福利金及类似基金的管理服务,并恢复了以前主要的经纪业务。

经过适时的调整和转变,唐纳生公司接洽了不少大宗物资交易及投资金融等业务,并在小型市场投资,终于建立起了市场领导地位。

之后唐纳生公司每年都实行一种富有策略性的作业计划,包含多种随机应变的方策,提示各部门经理,一旦营业状况恶化时如何应付。唐纳生公司顺应形势的变化,重整旗鼓的收获十分惊人,到1984年时,它的收入比1978年增长了10倍。

审时度势,最为重要的是在变化莫测的形势面前,要认清、看准、分析透,而后就要毫不迟疑地实行相应的策略和措施。如果始终是观望等待,不敢下决心,就会痛失时机,导致失败。

所以,做好审时度势对于人和事情的成功与否都是非常重要的,它应成为人的一种能力,而且是成功者必备的一种能力。

观史悟道

在追求成功的道路上,通常我们会面临各种各样的机遇或困境,这时我们就要能审时度势,以期能把握机遇和走出困境。所以能审时度势对于事情的成功是非常重要的,它应成为人的一种能力,而且是成功者必备的一种能力。

玄烨玩耍之中擒鳌拜

　　康熙皇帝玄烨是个很有作为的皇帝，在位61年，是历史上在位时间最长的皇帝，他登上皇帝位时还是个八岁的孩子。由于年幼，朝中的一切事务便都由四位顾命大臣来料理。在四个辅助理政的大臣中，鳌拜权势最大，他因兵权在手，常常专横跋扈，并利用其他三位大臣的软弱退让，拼命扩张自己的势力。同时，他野心勃勃，国家大事也常自行做主，不把康熙放在眼里，因为权力大，他总是把持朝政，贪赃枉法，并且党羽遍布天下，对此，满朝文武是敢怒而不敢言。

　　十五六岁时的康熙便展现出过人的才华，他虽然是个少年，但志向远大，决心要当一个像汉武帝、唐太宗那样的有作为的君主。对鳌拜擅权，他非常恼怒，决定改变这种大权旁落的局面，他表面上虽然对鳌拜很恭敬，心里却明白只有除掉他鳌拜，自己才能是真正的大清皇帝。

　　鳌拜一人独揽大权，他也时刻谨防有实力的大臣接近小皇帝，并且经常派人观察康熙的一举一动，他要使皇上成为一个真正的"孤家寡人"，以便自己能"挟天子、令诸侯"。

　　为了躲避鳌拜的耳目，康熙把一些与自己年龄相仿的孩子召来宫中，以陪伴练武为由让他们作了自己的亲信侍卫，暗中却加紧练习一些擒拿格斗的摔跤游戏。鳌拜看见康熙只不过整天和一些孩子玩摔跤游戏，便没觉得对自己有什么威胁，反而认为小皇上胸无大志，只知道玩耍，也就放松了对康熙的警惕。

　　一次鳌拜故意称病，好久不来上朝拜见，康熙便亲自来到鳌拜府中探听虚实。他径直来到鳌拜的卧室，发现其卧榻之下竟然藏有利刃，便知道鳌拜真的心怀叵测。但早有防备的他立刻随机应变，非但不加责怪，反而安抚说刀不离身是满族历来的风俗，没有什么大惊小怪的。

回到宫中，康熙对于鳌拜的所作所为忍无可忍，决定采取果断行动。这天，他把那帮常陪他练武的小哥们召集在一起，说大清朝已处于危急关头，你们就像我的手足一样，是听我的还是听鳌拜的？这些孩子早知道鳌拜的累累罪行，况且他们天天跟在康熙的身边，早就成为了心腹之交，他们义愤填膺地说我们为皇上万死不辞！

于是，康熙便给大家布置好捉拿鳌拜的计划，之后派人召鳌拜进宫，说有要事相商。鳌拜不知是计，还向往常一样便大摇大摆地闯进来。他见康熙身边都是一班少年侍卫，便没有放在眼里。

康熙见时机成熟，便做个手势让大家一起上，这帮少年侍卫唰的一下一拥而上，将鳌拜团团围住。鳌拜吃了一惊，但他还以为这些孩子要和他耍着玩，哪知这些孩子不容分说、欺身向前，这个抢腿，那个抓手，这个抱头，那个揽腰，大家一齐用力，将他给掀翻在地。

鳌拜这时才明白怎么回事，他毕竟是"满洲第一勇士"，生得虎背熊腰，武艺高强。他猛地挣扎，连着两个"赖驴打滚"，便将这帮少年卫侍们绊翻在地。这帮孩子也毫不畏惧，便跃起再搏，于是两边的厮杀非常激烈，康熙则站在那里说："听说您是满洲第一勇士，所以大家都想跟您去学习学习摔跤。"鳌拜此时也只得奋力抵抗着这些少年侍卫们的进攻，他以为过不了三招二式自己便能将这帮孩子给打趴下。可是，他没想到这些孩子已经过一年多专门的摔跤训练，个个都是精英，加上正血气方刚，况且对康熙忠心耿耿，岂能容他逃脱？时间一长，鳌拜终于败下阵来，被按在地上动弹不得，更有人拿来绳子，将鳌拜捆了个结实！

康熙一看大功告成，当即下旨宣告：鳌拜蓄意谋反，下狱，令其监禁听审。就这样，少年康熙机智地剪除了权臣鳌拜和他的党羽，自己得以亲临朝政。

康熙在位期间，平定了各地的反清势力，使清朝的统治得以安定下来，还开创了中国历史上的"康乾盛世"，可谓是历史上一个很有作为的皇帝。

韬光养晦，麻痹对手，一击制胜

聪明的人每走一步棋都会顾全大局，不会只看着眼前的利益，也不会争一时之长短，这样容易全盘皆输。如少年康熙，他大权旁落，鳌拜等一些元老级重臣更不把他放在眼里。为了改变这种局面，他先忍声吞气，暗中训练一些少年精英，作为自己的心腹之人，以消灭专权的鳌拜。为了掩人耳目，便对外宣称是陪自己玩摔跤、消遣。也正是这些玩耍的孩子，使鳌拜放松了对康熙的警惕，最终为康熙所擒伏。

我们面对日趋激烈的社会竞争，既要有"敢为天下先"的勇气，也要有不争一时之长短的韧劲。若想在竞争中立于不败之地，就需要能屈能伸，并清楚何时屈何时伸，这些智谋可使你履险为夷，取得成功。

有这样一个故事，有一人在家里同时栽了两棵一样大小的果树苗。两棵树都成活得很好，第一棵树不辞辛劳，拼命地从地下吸收养料，凝聚自己的力量，并开始盘算着自己怎样开花结果；另一棵树也不辞劳苦，拼命地从地下吸收养料，储备起来以滋润自己的每一个枝干，它默默地积蓄自己的能量，并盘算着怎样完善自身，更好向上生长。

到了来年春天，两棵树又都重新长出了嫩叶，并且第一棵树还在刚吐的出嫩叶中间便迫不及待地挤出了一些花蕾；而第二棵树只长了一些嫩芽与叶子，却憋着劲向上长。

几年过去了，第一棵树每年都要开花结果，刚开始，着实给了农夫一番惊喜，对它能这么早就开花结果非常欣赏。但由于这棵树未等长到枝繁叶茂，便承担开花结果的责任，累得弯了腰，结的果实也酸涩难吃，还时常招来一些淘气孩子们的石块袭击，对此常常被弄行遍体鳞伤。而第二棵树的忍耐力非常强，它既不开花也不结果，只是一个劲地往上长，因此，很快就长得枝干茁壮。

时光如飞，终于有一天，那棵久不开花的壮树轻松地吐出花蕾，由于枝繁叶茂、养分充足，结出的果实又大又甜。然而，此时那棵急于开花结果的树却再也没有生长的能力了，农夫在诧异之中，便将它砍下，当柴烧了。

由此可见，生活中那些不急于表现自己的人，恰恰正是最富有竞争力，生命力最强、最有前途的人；而那些为一点小作为便沾沾自喜的人，往往没有大发展；因此，做人首先要沉稳，只有让自己觉得住气，做蓄势待发的充分准备，才能一举成功、势不可挡！

观史悟道

在做事情上，我们必须知道结果往往比过程更重要，为了结果，过程可以委屈一些。这正是处世的柔性与应付危机的机变，如果你记住这些就一定会履险如夷，就能生存，就能获得成功！

展玉泉眼光长远成巨富

明代大商人、盐业巨头展玉泉是山西蒲州（今永济）人。蒲州乡俗好经商，尤以盐商为多。

明代的盐业实行引盐专卖制，即商人凭官府颁发的盐引到指定的盐场支盐，然后到指定的地区销盐，不得越境。沧盐的运销地区是北直隶、河南彰德、卫辉二府等地。展玉泉的爷爷辈就在沧州经营盐业，其父亲时也是如此，展玉泉在孩童时就游玩于盐场。但至明中叶时期，这种引盐专卖制发生危机。在沧州盐区私盐大量入境，加之当地居民刮盐碱自制土盐，使沧盐销售大减，岁额不及过去的十分之三四，盐商所获得的利润大幅度减少。

商人的眼睛生来就是专门盯着金钱的，谁肯舍多而就少？在这种不利的境况下，经营沧盐的商人，经过利弊权衡，大都纷纷转营他业，或到其他地区另谋大计。

在这股"转营"旋风中，展玉泉的父亲受其他商人的影响，开始有所动摇，也想离开沧州。展玉泉得知父亲的想法后，为父亲仔细分析了当时的局势和沧州盐业的发展趋势，他认为盐业不利的情况是有原因的。盐官失职，在其位不谋其政，从中以公谋私，是造成私盐之风越刮越猛的主要原因。

另外，当时的以实物换盐的"开中制"是朝廷为军事目的所设，一旦收不到应有的效果，势必会影响政局。朝廷必然会大力整顿现有盐制。现有盐制一经整顿之后，盐区现有的销量格局肯定会被打破。

而在私盐之风被整顿之后，官盐将再度热销。沧州的地理位置以及各方面的条件很好，会重新成为重要供盐区，能恢复到甚至超过以前的繁荣局面，现阶段只是热销前的淡季。而沧盐一旦热销，可获大利之时，众盐商就会削尖脑袋往此处钻，此时，谁的顾客多，谁就能争得市场，谁就能获得滚滚财源。

根据这些情况，展玉泉得出结论：如果我们借此机会，多争得一些顾客的信任，提高我们的名气，为未来的发展做好准备。

经儿子这么一番有理有据的分析，展玉泉的父亲打消了效仿其他商人离开沧州的念头，决定逆风独舞，在惨淡经营中苦撑危局，坚守基业。

后来事情的进展果如展玉泉所言，政府出面对盐制进行改革和整顿。之后，沧州盐区出现了新的局面。经营沧盐者又可谋取大利，众盐商又一股风似的纷纷云集于沧州，盐商人数比过去增加十多倍。

而在这时，展氏家族的"冷板凳"坐热了。由于他们在众盐商纷纷离去之际，一直坚守在阵地，所以赢得了固定的顾客群。而其他后来者就不得不从头开发自己的顾客群。这样，展氏的经营成本明显大大低于其他盐商，盈利也相对高于其他的盐商，自然盈利最丰厚，终成为沧州盐商中的巨头。

眼光有多远，成功有多大

做事情，往往是眼光长远才能做好做到位，而要能眼光长远，就需要有大眼界，要会推理，从而能看到事情发展的结果。美国摩根公司的起家也要归功于摩根在年轻时就比别人看得更远。他从学校毕业以后在一家商行从事贸易工作，有一次在纽约至巴黎的船上，一个陌生人说咖啡生意不再有什么希望，就向他推销整船的廉价咖啡，不错的价格使摩根动了心，但摩根更是看到了在目前咖啡业低迷之后的大发展。他所在的商行当时坚决反对他购买咖啡，并强烈谴责他，但是摩根却坚信自己的眼光是正确的，坚持借钱购买了这船咖啡，并且决定自己经营，然后他又继续大量购买廉价咖啡。

不久以后，咖啡大国巴西突然遭遇霜灾，咖啡大幅减产，全球的咖啡价格猛涨到原来的两倍以上，摩根销售掉了他全部的咖啡，而且大赚了一笔，淘得了成就事业的第一桶金。事实上，在摩根创业的历史中，我们会发现有很多这种靠着"比别人看得稍远一点儿"的信心获得巨大成功的事例。

具有长远眼光的人才是有大智慧的人，这样的人在狂风之下，他能够站稳脚跟，不动摇，更不会去迎合某一时的"上风"。他们顶风而立，决不会迷失方向，在冷清萧条时，他们能忍耐得住冷静，敢于逆风独舞，当风向一变，必然会赢得独领风骚的胜利时刻！

观史悟道

事物往往有正反两个方面，我们看待事物就不能以简单的眼光去看，而应该以辩证的视角去深入地观察和分析，才能正确地预见事物的正确发展趋势，从而做出正确的行动。

王致和失误之中得商机

现在的豆制品品牌"王致和"本是一个人的名字，此人生活在清朝康熙年间，安徽人，他从小爱好读书，自认学有所成后赴京赶考，不想却应试落第，之后他决定留在京城，一边继续攻读，一边做豆腐谋生供自己日常生活。

由于年轻，又没有经营生意的经验，还得把心思和精力用到读书上，加之做豆腐的人也多，所以王致和做好的豆腐往往不能在当天卖出去。这要在冬天还好，豆腐能放一两天，而在夏天，剩下的豆腐则会很快就变味了，他只好用盐把每次剩下的豆腐腌起来。

这年夏天里的一日，王致和做的豆腐又剩下不少，他只好用小缸把豆腐切成块，洒上盐腌好，做成腌豆腐后，随手放到了一个角落里。不想日子一长，他竟把这缸豆腐忘了，等到秋凉时想起来了，但打开盖子还未等看，只觉一股臭味扑面而来，差点呛了他一个跟头，腌豆腐已成臭豆腐，使得王致和不由为自己的粗心而懊悔。

此时的王致和因经营不善，已穷得几乎没什么可以吃的了。这缸豆腐虽然臭了，但他却舍不得扔，想尝尝是不是还可以吃，于是王致和就忍着臭味吃了起来。结果刚吃了一口，就觉得这豆腐味道竟是如此的独特鲜美，便就着个馒头大吃起来。

吃完后，王致和还怕会拉肚子，结果过了一天也没事，他又想，臭豆腐竟然这样好吃，恐怕别人还不知道，我要用他卖钱，说不定能发大财呢，心里就很兴奋，便拿着剩下的臭豆腐去给自己的朋友吃。

朋友们一闻是臭豆腐,没有一个人愿意尝。王致和好说歹说,自己又亲自吃了示范,朋友们才同意尝一口,没想到朋友们在捂着鼻子尝了以后都纷纷赞不绝口,一致公认此豆腐的美味妙不可言。

于是,王致和索性"一错到底",也不读书应试了,改行专门做臭豆腐。他用心经营,生意也随着越做越大,而名声也越来越广。至晚清时,连贪婪的慈禧太后也闻风来尝一尝这"臭"名昭著的"臭豆腐",吃后还对其大为赞赏。

从此,王致和与他的臭豆腐身价倍增,还被列为御膳菜谱。

逆向思考,或许会得到正确的答案

很多人都品尝过臭豆腐,但或许很少有人知道,这臭豆腐竟然是一次错误而生产出来的。一个小小的错误,使王致和改变了自己的一生。事实上,与王致和相同经历的人比比皆是,而能像王致和一样,能够看到并抓住了这样一个因为错误而产生的机遇的人却很少,为什么会这样呢?其原因至少有两点:

其一,王致和细心。王致和在发现臭豆腐坏了以后,并没有一气之下将其扔掉,而是留下来并亲自品尝了一口,结果发现臭豆腐居然如此"香"。

其二,王致和善于进行逆向思考。王致和的臭豆腐吃起来十分可口,但闻上去却十分地"臭",而有许多人是完全接受不了这股臭味的。但王致和认为,自己能接受,就一定会有人接受,所以一定会有市场,这正体现出王致和的独特眼光和敢于冒险的精神。

现实中谁也不想犯错误,一听到"错误"二字,大多数人像伸手触到滚烫的火炉一样,没有不向后逃避的。人之常情,世之常情,错误还是少犯为妙。但人的一生会经历许许多多各种各样的事情,每件事都做对,一点也不犯错误是不可能的,特别是在探索未知领域和进行创业尝试中,更是一个与错误为伴的过程。对于这一点,美国"创造性思考"公司创办人罗杰·冯·伊区在《如何激发创造力》中认为把害怕犯错误列为"心智枷锁之一",他说:"如果你不经常犯错误,你就无法发挥潜力。"

所以,犯错并不可怕,错误往往是正确的先导,关键在于要善于进行逆向思考,变坏事为好事,那么我们从中得到的收获或许会更多。

圆珠笔刚刚在日本造出时、厂家最困扰的问题是:大约写到20万字时,就会因为笔尖的圆珠被磨小而漏油。工程师们有的从改进圆珠质量入手,有的从改进油墨性能入手,都未能解决漏油问题。

东京山地笔厂有一位名叫青工渡边的员工,他有一次看到四岁的小女儿把还没用完的圆珠笔扔掉不用,心里很生气,本想教训一下孩子不懂得节约,后来转转念一想,如果将圆珠笔芯的成本降到最低,用到无油时就丢弃不用,将其作为一次性用品来销售,也许市场会很大。他便建议老板将笔芯做得短些,写到近20万字时油就用完,另换一根笔芯。

他的建议被采纳后,这项"无漏油圆珠笔"的小发明立即受到顾客的欢迎,重新振兴了山地笔厂。这一实例的成功之处就在于思考角度新,它不从问题的正面去"硬攻",而是从问题的侧面入手,做到了出奇制胜。

事实上,错误并不那么可怕。某一件事情到底是谬误还是良机,没有绝对的标准。大多数认为是谬误的东西,其中可能潜藏着真知和良机。而这种真知和良机,只有善于从常人相反的视角进行逆向思考的人才能发现。

很多事实证明,有一些契机,不是从正常的渠道出现的,而是从大多数人认为反常的地方,甚至是相反的方向表现出来。因此,即便出现与你原来所设想完全相反的情况,也不要马上下结论"搞错了",更不要忙着否定与放弃,而是想一想:"是否有反向创造的价值?"

现实之中,那些怕犯错误的谨小慎微者,很少能有前所未有的成就。而从错误之中得到改进的人,才会创造出与众不同的成就。

观史悟道

如果你碰到错误就认定是错误,不再去做努力,那么,成功的机会也许倏然而逝。因为在犯错误的时候,机会或许已经悄然来到你的身边，你一定要多从相反的方向想一想，这时你会眼前一亮，发现并抓住来自错误的机会，使事情向好的方面发展。

胡雪岩知对手底细将其兼并

清末著名的大商人胡雪岩，徽州绩溪（今安徽绩溪）人，红顶商人，幼名顺官，本名光墉，字雪岩，著名徽商。他的事业初兴之时，曾在福州开了一家阜康钱庄，开张不久，当地的"会首"元昌盛钱庄的老板卢俊辉就开始找他的麻烦。

卢俊辉想凭借自己钱庄长期积累的信用来挤垮新来的阜康钱庄。胡雪岩知道后，便开始想办法对付他了。胡雪岩明白，既然对方是想置自己于死地，那么自己也不能客气了。胡雪岩从元昌盛的伙计赵德贵打听出对手的内情。原来卢俊辉为了获得厚利，大量开出银票，元昌盛现有存银50万两，却开出几近百万两银票，这样空头银票就多出40万两，这是十分危险的经营方式。倘若发生挤兑现象，存户们把全部银票拿到柜上兑现，元昌盛立刻就要倒闭破产。

胡雪岩知道后立即行动，他调集资金收购元昌盛的银票，一切都在暗中有条不紊地进行。而卢俊辉蒙在鼓中，全然无知觉。没过两天，元昌盛柜上忽然来了一批主顾，手持银票，要求提现银，结果一天之中就被顾客提走20万库银。

卢俊辉听伙计报告后还以为偶然现象，并不在意。谁知第二天却有更多的顾客蜂拥而至，纷纷挥舞手中银票提现。没等卢俊辉反应过来，库银已提取一空。但是还有好多顾客的银票都没有兑现。

不能兑现的顾客骂声不绝。卢俊辉赶紧叫伙计关了店门，自己根本就不敢出来露面。眼看事情将要闹大，官府已派人来钱庄弹压，声言庄主若不拿出银子平息民愤，将按律治罪，抄家拍卖。这意味着老板将会被治罪流放，妻儿也将被拍卖为奴，家破人亡。卢俊辉思前想后，唯有把店门抵押给他人，钱庄易主，才可免祸。但同行钱庄老板谁也不愿多事，大家只隔岸观火，作壁上观。

这时候，胡雪岩来了，卢俊辉就像抓住了救星一样赶紧托他救救自己，于是他便同卢俊辉以较低的价格谈妥，以接收元昌盛银票为条件接管钱庄铺面。契约签订后，胡雪岩当场向顾客宣布：凡元昌盛银票，均可到阜康分号兑现，决不拖欠分毫。而持银票的顾客大多系胡雪岩有意安排而来，听他此说，一哄而散。一场风波，顿时云开雾散。

就这样，胡雪岩名正言顺地将阜康分号搬进元昌盛旧址，成了这里的主人。

知彼之底，攻彼之虚

胡雪岩看准了对方的软肋，下手之快、手段之猛，是好多人都想不到的，虽然他的做法很不地道。我们在为人处世的过程中，如果遇到恶意的对手，就要用击其软肋的方法把他的气焰灭下去，为自己留出一条道路来。

在对付竞争对手方面，日本人是很聪明的，因为他们总是会深入别人的内部，了解别人的一切，从而做到知己知彼，知道对方的短处在哪里，扬长避短，猛捅竞争对手的软肋。

日本人善于向竞争对手学习，同时也很清楚地知道对手的弱点。二战之后，日本商人作为后起之秀之所以能取胜，关键在于他们对竞争对手的情况了如指掌，同时又对自己的优势和缺点有很清醒的认识。

精明的日本人善于避实击虚。日本精工集团在与瑞士名表"欧米茄"竞争中屡处下风，遂将目标转向石英表以期突破。石英表的运行机理是在石英上通入电流，使其发生伸缩性规律振动，然后将此振动以电气的方法连接马达来划出时间。从振动的精确性来说，机械表根本无法与石英表相比。只要拥有耐震的能力，石英表计时并不受温度等变化的影响，能达到十分精确的程度。

当精工表在1968年参加纽沙贴夫天文台的钟表比赛时，十五块精工牌石英表的参赛成绩之好令考评者哑口无言：瑞士表都排在了日本精工表的名次之后。这恰如当头挨了一闷棍，瑞士人久久无法回过神来。在沉重打击下，瑞士厂商忧心忡忡，坐立不安，直到第二年才把得分表寄往日本，同时不公开名次，并宣布从此停办纽沙贴夫天文台的钟表竞赛。这意味着有着百年辉煌历史的瑞士钟表黄金时代已宣告结束。

纽沙贴夫天文台"比武"的失败，使瑞士人丢尽了面子。为了雪耻，为了有朝一日能夺回失去的自信和荣誉，瑞士人一味追求机械钟表的极致和高精确度，而忽视了竞赛钟表耐性差、成本高等难以商品化的缺点，这致使他们刚从惨败中逃出，却又步入了误区。

日本精工集团则恰好相反，他们没有居功自傲，而是迅速转移思路，准备将竞赛的成绩转化为生产力，作出了将石英表商品化的战略决策。这样，大赛中获得的知名度又为产品大规模生产和走向市场鸣锣开道了。之后，精工集团进入了鼎盛时期，他们乘胜开拓，在国际市场上势不可挡。

观史悟道

人的能力虽有强弱之分、大小之别，但任何人总会有其某方面的优势和劣势。因此，要在竞争中击中对手短处，就要扬长避短，以己之长克人之短，既发挥自己的优势，又利用竞争对手的劣势痛击其虚处。只有这样，才能达到以弱胜强、以小胜大的目的。

第三章

远祸与得福

隰斯弥装糊涂巧避祸

齐国在春秋时一直是个大国，到了春秋末年，齐国的田氏势力渐大，田恒（又称田常子）为齐相时，暗中图谋以田氏取代执政的姜氏。

当时齐国有一位名叫隰斯弥的官员，住宅正巧和田恒的官邸相邻。他知道田恒为人深具野心，但他虽然怀疑田恒居心叵测，不过依然保持常态，丝毫不露声色。

一天，隰斯弥前往田恒府第进行礼节性的拜访，以表示敬意。田恒依照常礼接待他之后，破例带他到邸中的高楼上观赏风光。隰斯弥站在高楼上向四面瞭望，东、西、北三面的景致都能够一览无遗，唯独南面视线被隰斯弥院中的几棵大树所阻碍，于是隰斯弥明白了田恒带他上高楼的用意。

隰斯弥回到家中，立刻命人砍掉那棵阻碍视线的大树。正当仆人们开始砍伐大树的时候，隰斯弥突然又急忙命令工人立刻停止砍树。

家人感觉奇怪，于是请问究竟。隰斯弥回答道："俗话说'知渊中鱼者不祥'，意思就是能看透别人的秘密，并不是好事。现在田恒正在图谋大事，就怕别人看穿他的意图，如果我按照田恒的暗示，砍掉那棵树，只会让田恒感觉我机智过人，对我自身的安危有害而无益。不砍树的话，他顶多对我有些埋怨，嫌我不能善解人意，但还不致招来杀身大祸，所以，我还是装着不明不白，这样或许更能保全性命吧！"于是隰斯弥最终没有让人伐树。

后来田恒终于欺君叛国，挟持君王，自任宰相执掌大权，对异己者大开杀戒。隰斯弥因韬晦有术,躲过了杀身之祸。

易逞聪明,难得糊涂

权臣田恒在高台上望见南边隰斯弥家的树遮蔽了视线,抑或挡住了阳光,变得一言不发,显然有不快之意,隰斯弥看在眼里,回家后立即让人砍伐树木,他不愿为此事得罪国家的权贵人物。然而,田恒的怨树之意并未公开流露,仅限于心中所想,属于一种隐情,隰斯弥如果伐掉树木,虽然能讨得田恒一时之好,但却显得自己过分聪明了。田恒正阴谋篡国,心有重大隐秘,最忌恨那些能察人隐秘的聪明之人,隰斯弥不想成为田恒最忌恨的人物,那就只有对田恒的一切隐情都佯装不见,假作一个痴钝之人。

隰斯弥所说的"察见渊鱼者不祥",指的是能察知别人内心深处隐秘活动的人,必然是会处于危险的境地。事实上,别人的一种思想活动之所以会隐而为秘,必定是这一思想意念与社会的道德观念或外在的行为规范相抵触,如果有谁察知了其本人不愿公开的思想活动,就等于认定了其人对社会要求的抗逆,把自己无意识地放置在了与其人对立的境地,就必然遭到其人的忌恨和报复。隰斯弥是深知这一道理的,他回家砍树,反映了他察人隐情的聪明;他砍而又止,则表现了他洞悉人情的世故,他通过掩饰聪明、示人愚钝来显示自己对别人隐秘活动的无所知觉,借以脱离危险的境地。这一段故事也告诉我们,知道得太多会惹祸,这也是中国古代聪明人的一种明哲保身之策。

一个人"聪明"了就很爱表现出来,却难以在需要糊涂的时候去装糊涂,这是不明智的表现。其实所谓的聪明,并不是那些自以为是的想法就是聪明,而是指那些用大智慧调整自己步伐的人。做人之道在于以聪明而致实用,绝不是让自己的聪明像漂在水上的"筏子"。

做人常有"糊涂"与"聪明"两种类型,其实糊涂与聪明的关系非常微妙,要在不同场合用之,不能在必须要办好一件有关全局的大事时,糊涂为之,造成大失误,而是要精明为之,踏踏实实。与之相反,有些生活中的细琐事情,可以糊涂之法待之,不必斤斤计较,死缠不放。

观史悟道

小事与大事相对，聪明与糊涂孪生。做聪明人才能不办糊涂事。爇斯弥砍树又止，外在地反映了一个软弱之人明哲保身的处世原则，这是一种不含进取目的和政治抱负、只求避祸保身的假痴不癫之计。

公孙鞅恃功自傲终被诛

公孙鞅就是商鞅，战国时的卫国人，又称卫鞅，他曾赴魏国游说，希望能够见到魏惠王，并说服他实施变法，但是魏惠王对此不感兴趣，所以商鞅也没能见到他。后来商鞅听说秦孝公下令招贤，于是西入咸阳，终被秦国重用，封于商地，是为商鞅。

商鞅实行了历史上著名的商鞅变法，秦国通过采取他的政策，很快富国强兵，迅速成为战国七雄中实力最强的国家。但商鞅在帮助秦国取得如此成就之后，最终却落得个五马分尸的悲惨下场。

商鞅的死，与他自傲、张扬的处事风格是有很大关系的。在他的变法成功以后，在秦国的地位仅次于国君秦孝公，飙升到了一人之下万人之上的地步，而这时的商鞅不但不懂得收敛，反而更加张狂，和人打招呼都是用鼻子哼，秦国的王公贵族他全不放在眼里，甚至连未来的秦国国君继承人他也不放在眼里。

于是秦孝公刚刚驾崩，一伙人便联名上书历数商鞅的罪状，说得简直是罄竹难书。而刚刚即位的秦惠王也想起商鞅以前对自己不屑的"劣行",也不假思索,大笔一挥,定下了"车裂"!可怜中国历史上伟大的改革家,却因不懂谦虚做人而被用酷刑杀害,诚为可惜、可怜、可叹。

谦下做人,踏实做事

商鞅为人之败,其实就是败在不能冷静反思自己,过于自傲,待人过于张狂上。他的确是才高,通过魏惠王和公叔痤的对话便知魏惠王会如何对待自己,但一个人的才能就是再高,也不能激起众怒,因为激众怒是取死之道。

秦末汉初帮助刘邦建立汉朝的张良,他为人处世就和商鞅完全不一样,虽然都是一样的智勇超群,才华卓越,一生做了很多大事,但张良却是个处世为人非常低调的人,正是这种态度,使得他一生受人尊敬,汉高祖刘邦以师事之。汉朝建立后,他功成名就,但他并没有依恋荣华,而是激流勇退,于是后半生得以逍遥快活,即便在隐居生活之中,还被刘邦、吕后等人时时挂念,讨问国家大事的对策。

张良因谦下而被尊敬,商鞅则因张狂而伏诛,由两人迥然不同的人生结局来看,做人谦下,实胜过张狂无数倍。

海尔集团首席执行官张瑞敏喜欢读《道德经》,在他看来,"不敢为天下先"是在提倡谦虚谨慎。踏踏实实学习,积攒实力,最终才能为天下先。而他本人,也确是这样做的。"不敢为天下先"表现在做人处事上就是慎言敏行,谦虚礼让,这句看似平常的话正是张瑞敏的做事风格。

他在接受《名牌时报》记者采访时坦言:"人都有七情六欲,一件事干成了总是非常兴奋,但兴奋之余怎么保持冷静,这就是个大问题。"而他就是个冷静处事的高手,所以他无论是在企业发展上,还是在个人行为上,都没出过什么问题,堪称是企业家里面的"常青树"。

冷静,正是谦虚做人所需要的一种态度,张瑞敏带领海尔取得如今的成功,创造了一个个神话,他也被奉为中国企业界的领军人物,但大家却从来没有看到张瑞敏张狂过。无论取得怎样的成功,无论面对多大的事情,他都是用一种谦虚、冷静的态度面对。而反观中国企业界不时落马的一个个风云人物,则大都没有张瑞敏的这种谦下做人的涵养。

一个人为人谦下,在与人相交时相当于处在相对低下的位置,这样会让别人觉得友善、谦和;而张狂的人则是将自身置于比别人都高的位置上,这样就会给人一种将要压倒自己的危机感,并且张狂的人还容易引起别人的反感和嫉妒,这样就会很容易地处于别人的攻击之中。因此,谦下做人,实是比张狂强好多。

观史悟道

老子在《道德经》中说:"我有三宝,持而宝之。一曰慈,二曰俭,三曰不敢为天下先。慈,故能勇;俭,故能广;不敢为天下先,故能成器长。"老子说的慈、俭、不敢为天下先,都包含有让人谦下做人的意思,能做到这些,才能成大器,做大事。

范雎适时引退安享晚年

范雎是战国时期魏国人,长大后到了秦国,向秦昭王献上远交近攻的策略,深为秦昭王赏识,于是升他为宰相。但是他所推荐的将军郑安平与赵国作战时失败,这件事使范雎在秦昭王面前失去了信任,所以他意志消沉。

按秦国的法律,只要被推荐的人出了纰漏,推荐人也要受到连坐的处分。但是秦昭王并没有问罪范雎,而这也使得他心情更加沉重。

有一次，秦昭王叹气道："现在内无良相，外无勇将，秦国的前途实在令人焦虑呀！"秦昭王本来想刺激范雎，要他振作起来再为国家效力。可是范雎心中却觉得秦昭王已不再拿他当回事，心里感到十分恐惧，因而误会了秦昭王的意思。

恰好这时有个叫蔡泽的辩士来拜访他，对他说道："四季的变化是周而复始的：春天完成了滋生万物的任务后就让位给夏；夏天完成养育万物的责任后就让位给秋；秋天完成成熟的任务后，就让位给冬；冬天把万物收藏起来，又让位给春天……这便是四季的循环法则。如今你的地位，在一人之下万人之上，日子一久，恐有不测，应该把它让给别人，才是明哲保身之道。"

范雎觉得很有道理，便立刻准备引退，并且推荐蔡泽继任宰相。而秦昭王见范雎再次推荐了人，心里也很高兴。这一招，不仅保全了范雎自己的富贵，而且也表现出他的大度无私。

后来，蔡泽就宰相位，为秦国的强大作出了重要贡献。当他听到有人责难他后，也毫不犹豫地舍弃了宰相的宝座，得以安享晚年。

适时进退，不争而胜

从上面的故事中，我们可以看出，聪明的智者都不会一味地贪图富贵安逸，在适当的时候，他们都会主动退出舞台，以保全自身，这也许就是人们常说的明哲保身之道吧！

有的时候，谦虚和退让往往被看成软弱。这种生活态度与其说是软弱，不如说是尝遍人世辛酸之后一种必然的成熟。那些不以为然的人，对这个问题，乃至对人生的认识显然有限，因而表现出来的，只是一种无知的强劲，一种似强实弱的"强"。真正的智慧属于谦逊的人。

在美国每年法定的休假日里，有一个为纪念开国总统华盛顿而设的"总统日"。虽然华盛顿的生日是1732年2月22日，但为了与其他休假日的规格相一致，美国政府决定把每年2月的第三个星期一作为总统日来纪念他。

第三章 ◎ 远祸与得福

1783年12月23日，对于硝烟尚未散尽的美国人来说，是一个无比重要的日子。因为这一天，大陆会议在安纳波利斯举行了一个隆重而朴素仪式：美国独立战争之父、大陆军总司令乔治·华盛顿将军将在这里交出委任状，并辞去他的所有公职。

在此之前，华盛顿遣散了他的部属，并发表了动人的告别演说："你们在部队中曾是不屈不挠和百战百胜的战士；在社会上，也将不愧为道德高尚和有用的公民……在抱有这样一些愿望和得到这些恩惠的情况下，你们的总司令就要退役了。分离的帷幕不久就要拉下，他将永远退出历史舞台。"华盛顿对议员们说："现在，我已经完成了赋予我的使命，我将退出这个伟大的舞台，并且向庄严的国会告别。在它的命令之下，我奋战已久。我谨在此交出委任并辞去我所有的公职"。而议会议长也代表所有美国人民感谢这位总司令："你在这块新的土地上捍卫了自由的理念，为受伤害和被压迫的人们树立了典范。你将带着同胞们的祝福退出这个伟大的舞台。但是，你的道德力量并没有随着你的军职一齐消失，它将激励子孙后代"。

在交出指挥权的第二天上午，华盛顿就离开了安纳波利斯，回到了弗农山庄。在自己的葡萄架和无花果树下过起了一种心满意足的乡绅生活。在写给朋友的信中，华盛顿说："戏终于演完了。我不再担任公职，感到如释重负。我希望在自己的晚年躬行于为善良的人们做事并致力于品德的修养。"

华盛顿的杰出贡献和崇高历史地位不仅在于他领导北美殖民地军民抗击英军赢得独立，领导制定联邦宪法，担任国家元首建立共和政体与权力制衡的联邦政府，还在于他高瞻远瞩的政治智慧，在达到权力顶峰时功成身退的心胸气度与政治品德，以及他为后世树立的楷模榜样。270年来，美国流传着很多关于华盛顿的美谈，说他在世时"像父亲照管孩子那样领导国家"，他是美国"战争中的第一人、和平中的第一人和国人心目中的第一人"。

"低头做人"被一切真正的成功人士奉为圣经。现实生活中，很多人都会碰到不尽如人意的事情。需要你暂时退却，这时候，你必须面对现实。要知道,敢于碰硬,不失为一种壮举。可是,胳膊拧不过大腿,硬要拿着鸡蛋去与石头碰,只能是无谓的牺牲。这个时候,就需要用另一种方法来迎接生活,这就是适时低头、退让,能低能退,才能高能进,所以这也是一种明智的处世哲学。疾风来时,小草低头弯腰,实为保护自己,因为强硬只能夭折得更快。人生何尝不是如此。

观史悟道

有时候,不刻意追求反而更容易得到,追求得太迫切、太执著反而不成功。以柔克刚,以退为进,这种曲线的生存方式,有时比直线的方式更有成效。古人说:"小不忍则乱大谋","退一步海阔天空",坚韧的忍耐精神是一人个性意志坚定的表现,学会忍耐、婉转和退却,可以获得无穷的益处。

列子不收赠粮免灾祸

列子曾在郑国隐居40余年,他修身养性,过着远离世俗的隐居生活。在此期间,他生活穷困潦倒,常常食不果腹,脸上常有饥寒之色。

有个别国家的使者在郑国见到列子后,对他窘困的生活状况十分吃惊,之后这位使者在见到郑国的相国子阳后说:"列子是闻名天下的有道之士,居住在贵国这么长时间,生活却这么穷困,作为相国,你难道不知道这件事情吗?这样的做法恐怕要被人耻笑了。"

子阳听后忙问左右侍从,才知道郑国有列子这样一个人,而且生活确实十分穷困，于是就让手下的官员给列子送去了数十车粟米。

听说相国子阳派人送来了粮食，列子赶紧出来迎接。为列子送粮的官员说："相国听说你的生活很困窘，特意让我给你送来粮食，帮助你解决生活中的困难。"

列子说道："相国的心意我领了，但是我隐居于此，没有为郑国作一点贡献，没有一点的功劳，我怎么可以接受相国的恩赐呢？还是请收回吧。"

面对送粮的官员，列子再三拜谢相国的恩典，但是却始终不肯接受官员送来的粮食，无奈送粮的官员只好作罢，并把此事禀报相国子阳。

送粮的官吏走后，列子的妻子抱怨他说："我听说有道之人的妻子和儿女都可以有饱足安逸的生活，但是现在我和孩子们却连最起码的吃饭都不能解决。你也知道，很久以来我们几乎没有什么可以吃的，每天靠一点点稀粥充饥，为什么今天相国派使者送来的粮食你不接受呢？相国子阳知道他以前慢待了你，但是现在他特意派人送来粮食，证明他认识到了以前的错误，你应该接受才对，这样我们也可以渡过难关，不至于每天忍受饥馑之苦啊！"

列子和颜悦色地对妻子解释说："你说的这些我都想过了，这些年来忍饥挨饿，确实让你们受委屈了。但相国子阳对我并不了解，他只是听了别人的话才给我送来了粮食，今天他可以因为别人赞扬我的话给我送来粮食，明天他也可以因为别人的谗言而拿我问罪，这样的人送来的东西我能接受吗？我这样做是为了洁身自保，以防将来的不测啊。"听了列子的话，妻子也默默无语。

后来，相国子阳因多行不义，在郑国很不得人心，百姓忍无可忍就起来造反，子阳在混乱中被百姓杀死了，其追随者也多受牵连。列子由于很早就和子阳划清了界限，因此没有受到别人的怀疑。

能拒绝诱惑，才能不被别人牵着鼻子走

列子在郑国隐居数十年，郑国的相国子阳都没有关注过他，而单凭别

人对列子的称赞就给列子送来粟米。而列子却通过这一件小事认清了子阳的为人，从而拒绝了子阳的馈赠。

因为列子知道如果接受了别人的恩惠而不以死来报答他，这就是不义，而子阳又是一个不义的人，以死来报答不义之人，则是死于无道。所以列子拒绝了子阳的馈赠，也正为因为列子能抵御子阳的诱惑，所以才能平安一生，由此可见列子的见识确实非同一般。

面对诱惑，有相当一部分人耐不住性子，不再甘于清贫，不再耐得寂寞，而是迫不及待地出击了。但大部分人在诸多机遇面前是茫然的，只是随大流，这一部分人只能是无功而返。还有些人不懂得市场规律和经营之道，结果赔了个净光，还有些人使用了不法手段，结果也可想而知了。还有一部分人，在诸多的诱惑面前，却没有怦然心跳，没有目眩头晕，而是耐住了自己的性子，相当冷静地在最适合自己的位置上默默耕耘，并最终取得了成功。

拒绝诱惑也可以锻炼忍耐力，列子的做法留给后人很多启示。面对诱惑不心动，不为其所惑，虽平淡如行云，质朴如流水，却让人领略到山高海深，让人感觉到一份放心，这样的人也是真正懂得如何生存的人。找到自我，固守做人的原则，守住心灵的防线，不被诱惑吸引，你才能生活得安逸、自在。

观史悟道

荀子说："人生而有欲"，人生而有欲望并不等于欲望可以无度。宋代儒学大家程颐说："一念之欲不能制，而祸流于滔天。"古往今来，因不能节制欲望，不能抗拒金钱、权力、美色的诱惑而身败名裂的人不胜枚举。诱惑能使人失去自我，这个世界有太多的诱惑，一不小心往往就会掉入陷阱。

春申君当断不断终遭祸

战国"四君子"之一的春申君黄歇在楚国做宰相时，他辅佐的楚考烈王没有子嗣，春申君为此很着急，他想了很多办法，还是没能奏效。后来，赵国人李园有个美丽的妹妹名叫李嫣，想将其进献给楚王，但他听到楚考烈王不会生育，又怕妹妹今后失宠，就投靠了春申君，并先将妹妹进献给春申君。

春申君十分喜欢李园的妹妹，经常和她在一起，没过多久李嫣便怀孕了。李园听说后，便与妹妹合计，想让妹妹当楚王的夫人，这样他自己就能出将入相了。于是李园的妹妹趁机劝说春申君："楚王没有儿子，如果百年之后另立兄弟，您还会是相国吗？我现在怀有身孕，如果您趁机将我进献给楚王，日后我若生下儿子，将来他便是楚王，那到时候您便是楚王的亲生父亲，整个王国都是您的！"春申君听了也觉得在理，就高兴地同意了她的意见。

于是春申君找了一个机会向楚考烈王推荐李嫣，楚考烈王把李嫣召进宫来，一看果然美艳惊人，便收为嫔妃，宠爱有加。没多久，李嫣生了一个男孩，这男孩被立为太子，于是李嫣被封为王后，李园也被楚王重用，参与政事。

但李园一直怕春申君泄露太子生养的秘密，就暗地里收买亡命之徒，想要杀死春申君来灭口。这件事在当时大多数人都知道内情的，却只有春申君和楚王还蒙在鼓里。

就在春申君任宰相的第25年，楚考烈王病重，看样子将不久于人世。

春申君的门客朱英就对春申君说:"世有毋望之福,又有毋望之祸。今君处毋望之世,事毋望之主,安可以无毋望之人乎?"意思是:世上有意想不到的福分,就有意料不到的灾祸。如今您处在难以预料的事态之中,侍奉事难以预料的国君,又怎么能没有意料不到而来帮助您的人呢?

春申君不解其意,朱英就解释说:"您任楚国宰相二十多年了,虽然名义上是宰相,实际上就是楚王。现在考烈王病重,死亡只是在旦夕之间,那么您就要辅佐幼主,因而代他执掌国政,如同伊尹、周公一样,国君长大了再把政权还给他,这不就是您南面称王而占有楚国吗?这就是意想不到的福分。但李园不掌政权却是您的仇人,不治兵却早就在收买亡命之徒了。楚王一去世,李园必定先入宫夺权并杀掉您来灭口。这就是意料不到灾祸。"

春申君接着问:"什么是意料不到而来的人?"朱英回答说:"您安排我做郎中,楚王一去世,李园必定抢先入宫,我替您杀掉李园。这就是意料不到而来帮助您的人。"春申君听了后说:"您放弃这种想法吧。李园是个软弱的人,我又和他很友好,况且事情又怎么能到这种地步呢!"朱英知道自己的话不会被采用,害怕灾祸殃及自身,就逃离了。

17天后,楚考烈王去世,李园果然抢先入宫,让亡命之徒埋伏在宫门内。春申君一进入宫门,亡命之徒从两侧夹攻刺杀春申君,斩下他的头,抛到宫门之外,同时又派官吏把春申君家满门抄斩。而李园的妹妹当初受春申君宠幸而怀孕、后又入宫得宠于楚考烈王所生的那个儿子就登位,这就是楚幽王。

楚幽王当政十年而卒,弟犹即位,是为楚哀王。两个月后,太后与春申君的私情、李园杀春申君等当年的内幕被公开披露,楚哀王的弟弟负刍以此为口实发动政变,杀哀王及太后,灭李园一家,自立为王。四年后,秦始皇派王翦率六十万大军平楚,公元前223年,负刍被俘,楚国灭亡。

当机立断,不受其乱

在战国"四君子"中,春申君的结局是最为悲惨的。一国之相,竟被小人暗算，死于非命，又遭抄家灭族。为什么？就因为他当察不察，为小人蒙骗；该防备的时候，又麻痹大意不设防范预案；在危急关头又当断不断，没有先下手为强，终错失宝贵时机。

司马迁在《史记》中为春申君立传，十分痛惜地评述道："当初，春申君劝说秦昭襄王止兵攻楚，直到豁出自己的生命送楚太子回国，他的聪慧是何等的出众高明！后来竟然被李园控制，真是糊涂了。俗话说：'应当决断却不决断，反而会受到它的祸乱。'说的正是春申君不听朱英的劝告吧！"

人生在世，总要遇到许多亟待处理的事情，如简单从事，事情非办砸不可；如优柔寡断，没有主见，那又非误事不可。这个时候，认真思考，当断即断，才能把事情做得圆满。

现实生活中机遇和挑战并存，我们会遇到许多必须立即做出决断的人生岔路，这个时候当机立断，就能赢得主动权，否则就会延误战机，而失去机会就会被既成事实牵着鼻子走。所以古人说，"当断不断，反受其乱"。

韩非子更把君主的优柔寡断当作亡国的征兆，他说："缓心而无成，柔茹而寡断，好恶无决，而无所定立者，可亡也。"这并非危言耸听，任何负有领导和指挥职责的人，如果遇事优柔寡断，那将会造成种种不堪设想的后果。而捕捉机遇又是一种特别的能耐，这种果毅的精神并非人人都有。所以，努力地培养自己果敢坚毅的品性，是生存的一个必要条件。

现在有好多人每天不是担心工作，就是担心家庭，简直是没有一件事不担心的，因此不管他们身边出现了什么事情，他们都优柔寡断，不知取舍。人生要想有真正的保障，就得每天在各方面有所改进，争取每天都有进步。但是进步并不是完全不需要付出代价，事实上就是因为你犯了错，才有机会去改进，也才有机会获得更多，并拥有更大的保障。一个人优柔寡断，实际上是因为他对所拥有的东西太在乎，信心不足，进取心又不强。

在现代生活中，一个人行动的快与慢，是决定成功的关键。快速的行动是对积极心态的实践。如果只有积极的心态而没有积极的行动，那么积极的心态也只能止于心态，不会有任何效果和作为。

两个猎人去打猎，路上遇到了一只大雁，于是两个猎人同时拉弓搭箭，准备射杀大雁。这时猎人甲突然说："喂，我们射下来后该怎么吃？是煮了吃，还是蒸了吃？"猎人乙说："当然是煮了吃。"猎人甲不同意煮，说还是蒸了吃好。

两个人争来争去，虽然明知彼此建议的优缺点，但就是作不了决定，一直没有达成一致。终于，前面来了一个砍柴的村夫，于是两个人征询村夫的意见，村夫听完说，这个很好办，一半拿来煮，一半拿来蒸，不就可以了。两个猎人感觉这个主意不错，决定就这么办。于是再次拉弓搭箭，可是大雁早已飞走了。在这里，两个猎人就是犯了议而不决、拖沓等待的错误。在如何吃肉的问题上，他们花了太多的时间和精力，最终失去了猎杀大雁的最佳时机。这就告诉了我们没有快速地行动，就没有最后的成功的道理。

观史悟道

果断处事的风格，源自一个人良好的心态和气质。人的精力是有限的，不可能在每一个方面都做到最好，而最明智的方法就是不要优柔寡断，要快速作出决定。所以果断行事是一个人良好生存心态的具体体现，它有利于人们始终保持富有激情和乐观向上的生存心态。

汉高祖赴宴鸿门巧免祸

刘邦和项羽起兵攻秦时，楚怀王曾经给他们二人约定：谁先攻下秦朝首都咸阳，谁就在关中称王。结果刘邦一路避开秦军主力，没打几仗就拿下了咸阳，灭掉了秦朝。项羽则一路上沿黄河流域进军，这是进攻关中正门的路线，一路上坚城固垒一个接一个。尽管项羽数十万铁骑以摧枯拉朽的声势攻城破寨，所向披靡，但是连续不断的大仗硬仗也阻碍了项羽的行进速度。等到项羽来到函谷关前，发现刘邦早已在关中称王了。

项羽非常生气，他觉得自己有40万大军还没称王，刘邦10万人马居然称王！于是就要杀进关中，找刘邦决战。

项羽的一个远房叔叔项伯与刘邦的谋士张良很要好，听到这消息，他连夜跑到刘邦大营告诉张良，劝他赶紧离开。张良不愿背叛刘邦，就对刘邦说了项羽要进攻他的事，刘邦很害怕，就热情地接待了项伯，求他帮助自己，并与项伯结为儿女亲家。项伯便只好劝刘邦亲自去向项羽解释和道歉，以避免这场大战。

第二天，刘邦带着一些手下人亲自去鸿门向项羽赔礼道歉。他说他根本就没想过什么称王关中，项羽立下如此功勋，这关中之王非项羽莫属。他不过是一时幸运能够先项羽一步进入关中罢了，他只是替项王守着关中大门，不让其他诸侯乘虚抢了去。

项羽的谋士范增曾劝项羽在酒宴上除掉刘邦，项羽也同意了，便早在宴会上埋伏了一批武士，约定项羽举起杯，就立即动手。可是在宴会上，刘邦对项羽态度谦卑，处处陪着小心。项羽性情耿直，不善权谋，早被刘邦哄得心花怒放，哪儿还记得要杀他的事情！虽然范增几次示意，项羽都视而不见，没有反应。

范增眼看没按计划进行，就把项羽的堂兄弟项庄找出来说："项王太仁慈了，可是刘邦不能不除，你快进去借舞剑为名，趁机杀了刘邦。"

项庄便到宴会上敬酒，并请求让他舞剑助兴。只见剑光闪闪，项庄越舞越靠近刘邦。项伯一看情势不对，就对项羽说："一人独舞，兴致不高，让我和他对舞吧！"项伯也拔剑起舞，暗暗地保护着刘邦，使项庄找不到下手的机会。

张良看到这种情况，赶忙出去对刘邦的武将樊哙说："现在项庄舞剑，他的用意就是要杀沛公啊！"樊哙一听，立即拿起武器，闯到宴会上要和项羽比喝酒。他的英勇胆略让项羽十分欣赏，便和他斗起酒来，项庄舞剑一节就这样被樊哙搅过去了。

后来，刘邦借口去厕所悄悄溜了出去，张良告诉他快回大营，否则性命不保。刘邦赶紧带了樊哙等几个贴身护卫，丢弃车乘马匹，徒步从小路逃回了大营。张良则留下来，等刘邦走远了才再次进大帐献礼，说刘邦一时身体不适，先回去了。项羽不以为然，范增哀叹项王气数就此去了。

果然，逃得性命的刘邦后来终于击败项羽，取得了楚汉之争的最终胜利。

能忍能让，能做大事

最可贵的忍耐莫过于忍辱负重、厚积薄发。春秋时，越王勾践的故事正说明了这一点。"苦心人，天不负，卧薪尝胆，三千越甲可吞吴。"勾践所受之辱，所担之苦可以说达到了极点，但他熬了过来，不仅报了仇，还成了当时的霸主。

古人如此，处于现代社会的人也应如此。在日常工作与学习中要学会忍耐，当面临别人的批评时，我们不应去寻找解脱责任的借口，而要学会忍耐，静下心来好好想想问题出在哪里，这时只有忍耐才能找到症结的所在，才能"有则改之无则加勉"。

当心情不好时,也要学会忍耐,如果只因自己心烦,就对别人说话时夹杂着一些讽刺性语言,那么结果只能是把一个人的不快变成更多人的不快,为此你会失去很多朋友。

在现实中,我们有时也需要适时地低头,培养自己的忍耐力和自我克制力。人生在世,谁都避免不了要面对逆境、痛苦与不幸,如果你稍一脆弱,那么你的精神就会被击垮,从而消沉下去。但是,你如果想得开,放得下,也许你就能够承受住打击,化悲痛为力量,开创出一片新的天地。

其次,忍辱负重也可以锻炼忍耐力。我们生活在这个世界上,只要有人群的地方,都会有矛盾存在。比如,在与人发生一些小的摩擦时,你如果做到完全不管自己对错,都主动上前道歉。这样即使遇到涵养特别差的人,得理不让人或者恶人先告状者,你都能靠忍耐力把握自己,心平气和,不还口更不动手。

有这么一句话:"忍得人骂不回口,他的恶口自安静,忍得人打不还手,他的毒手自没劲"。忍一时小辱,会换得事态的平静,更由此也赢得了别人的尊重。

生活中,如果你想成就一番大事业时,你就可能要忍受着亲人的不理解,他人的猜疑,背后的指点,甚至拆台,打击等等,此时,你如有一定的忍耐力,毫不退缩,一往直前,那你一定就会达到最高目标。

对一般人来说,忍耐是一种美德,对商人来说,忍耐却是必须具备的品格。要想赚钱,就必须要有"忍"的精神。温州商人遍布全世界,从事着各种各样的商品制造和买卖。温州人忍受了很多非议与磨难,不会因为外在的压力而停止自己赚钱的步伐,而是积极开拓,自强不息,创造出了一个又一个的经济奇迹。

所以,不论做人还是做事,都要做到忍耐,要能适时低头,这是以退为进的攻略,以静制动的法宝。

观史悟道

忍耐是一种痛苦,是一种考验,一种从幼稚走向成熟的转变,是一种人格和品行的至高境界。同时,忍耐更是一种理智,一种深邃，是感悟人生后的一种智慧，是经历挫折后的一种持重。想要成就自己的事业，想在是是非非面前保持清醒的头脑，想在坎坎坷坷的路上，不偏离前进的方向，我们必须磨炼自己的忍耐力！

陈平不诛樊哙保官位

公元前195年，汉高祖刘邦击败叛乱的淮南王英布，但在战场上受了伤，归来后创伤发作病倒了，还没等养好病，便听说燕王卢绾叛变了，他就派大将樊哙率军去讨伐。

樊哙率军走后，有人对刘邦进谗说：樊哙表面忠心耿耿，背后跟吕后串通一气，想等皇上百年之后图谋不轨。现在手握重兵，皇上一定要早加提防。刘邦早就对吕后干预朝政极为不满，现在听说吕后跟她妹夫樊哙串通一气，立时觉得情况严重了。他决意临阵换将，就与陈平计议此事。

西汉名臣陈平认为如果在军前直接换掉樊哙，势必引起樊哙的疑心，如果樊哙果真想要图谋不轨临时发动兵变，后果将会十分严重。怎么才好呢？最后陈平拿出了一个好主意：自己前往樊哙军中传诏，却在车中暗载大将周勃，等到了军营里再宣布立斩樊哙，由周勃夺印代替。刘邦觉得此计甚妙，就让他去执行。

此时刘邦日益病重，便要陈平尽快地把樊哙的头取来。陈平出发后，路上觉得这是一件很棘手的事情，他对周勃说取樊哙的头不难，但处理好这件事情很不容易。其一，樊哙是皇上的老部下了，对汉王朝立下了汗马功劳，这个皇上心里比谁都清楚。在樊哙没有丝毫罪证的情况下去杀掉他皇帝心中也未必高兴，如果以后他反悔了，肯定会怪罪我们二人的。其二，樊哙是吕后的妹夫，如果除掉樊哙，她们姐妹二人必定会在皇帝面前搬弄是非，到时也难免会归罪于我们。这不仅是国事，也是家事啊，我们最好不要参与。

周勃听陈平说透利害，也不由一身冷汗，一时没了主张。陈平又说杀是不能杀，但放也不行。不如我们把樊哙绑上囚车，送到长安，或杀或免让皇上自己决定，这样吕氏姐妹也没有什么可说的了。

二人拿定主意，不几日来到了樊哙的军营外，陈平命人筑起高台，作为传旨的地方，之后派人去传樊哙接旨。樊哙得知只有一个文官陈平前来，以为只是平常的敕令，想都没有多想就一个人前往接旨。刚要上台，便被周勃和其他人擒住捆了个结实，陈平又命人将樊哙钉入囚车押回长安，周勃则赶到军中接替樊哙领军。

陈平押禁着樊哙的囚车走到半路时，忽听到刘邦已经病故，不由大吃一惊，同时他还听到吕后让自己屯戍荥阳。他心里庆幸幸亏没杀掉樊哙，而让他屯戍荥阳则是吕后担心他在京城是个威胁，也害怕别人在吕后面前搬弄是非造谣生事，于是赶紧策马赶回长安，想先把事情解释清楚。

陈平一到长安就跌跌撞撞地跑入宫中，跪倒在汉高祖的灵前放声大哭，边哭边说："皇上啊，您让我就地斩杀樊哙，我不敢轻易处置大臣。现在我把樊哙给您押回来了，但您却走了，让微臣如何处置是好啊，呜哇哇……"这些话当然是说给旁边的吕氏姐妹听的，目的就是用来为自己开脱责任，同时也是在为自己表功的。

吕后此时也很担心樊哙被杀，更担心大臣们联合起来反对自己，现在听说陈平没有按照刘邦的旨意杀掉樊哙，都松了一口气，觉得陈平这事办得很漂亮，又看到陈平泪流满面痛哭的样子，不但没责备反而好言相安慰。这时，陈平又趁机请求留在长安，吕后也正是用人之际，觉得陈平可以帮上大忙，便答应了，还拜他为郎中令，辅助新皇登基。

事不可做绝，考虑周全自圆满

若想在风云变幻的政治斗争中化险为夷，左右逢源，没有机智和谋略是不行的。陈平在释樊哙这个故事中就表现了自己的才能,他不仅应变快,而且心思细密,考虑周全,人情兼顾,为他人也自己留下了回旋的余地。陈平对西汉的建立和巩固做出了很大贡献。他在关键时刻能明哲保身,脱离政治斗争的险境。

现实生活当中,我们在处理一些有可能得罪人的事情时,一定不要把事做绝,要给人留有余地,给自己留有退路。

"给自己留条后路"是人这一生之中最关键的一个策略,也是一种审时度势后的思想升华。后路每个人都有,不过不见得每个人都会为自己留出来。即使是留出来,也不见得就能全身而退。而如果你为人处世学会留一点点情意,留一点点余地,那么后路往往就留出来了。

观史悟道

如果我们不懂得为自己留后路、为别人留余地,那么我们的生活恐怕会麻烦不断,难以快乐。后路可以是一种保全自我的策略。这种策略可以让你巧妙地避开尴尬、绕过危险,躲开剑拔弩张的锋芒,从而达到一种实力再生的机会。

李夫人不以残颜面君惹汉武帝思恋

汉武帝刘彻很喜爱他的妃子李夫人,此女是宫廷乐师李延年的妹子,她天生丽质,花容月貌,可是后来却不幸得了绝症。在她病重卧床之时,汉武帝不忘旧情,多次去探望她。可李夫人却用被子蒙住头辞谢道:"陛下,贱妾久病卧床不起,身态容貌都遭到了毁坏,请原谅不能面见皇上,只希望将咱们的儿子昌邑王和我的兄弟托付给陛下,多谢关照了!"

汉武帝安慰她道:"你病得如此厉害?恐怕是不能起床了?但现在就嘱咐昌邑王和兄弟的事,是否太早了点?你让我看看你的脸色吧!"

李夫人又说:"女子的容貌不加修饰是不能见丈夫和父亲的,所以,妾不敢在仪容没整的情况下见皇帝陛下。"

对其宠爱难舍的汉武帝请求道:"夫人只要让朕见一面,朕将加赐千金给你,而且封给你兄弟当高官。"

但李夫人又答道:"陛下,是否能当高官全在于陛下的意思了,而不在于是否见这一面。"

可汉武帝还是坚持说一定要见见夫人,李夫人就转身朝里,只是嘘唏哭泣而不再说话了。于是,汉武帝很不高兴地起身拂袖而去。

李夫人的姐妹见她一时惹恼了皇帝,便不理解地责备她道:"你也未免做得太过分了,你是什么贵人,怎么就不能让皇帝见上一面,却又要嘱托他照顾兄弟呢?为什么使皇帝这样生气呢!"

李夫人叹口气道:"这你们就有所不知了,凡是以色相去侍奉别人的女子,一旦容貌衰退,别人对她的爱情也就会自然地减退;爱情减退了,别人对她的恩义也就断绝了。皇上之所以对我还依依不舍,是因为我原来漂亮的缘故。而现在我病得一定很难看了,皇上见了一定会由于厌恶而抛弃了我。那他还肯追念过去的恩爱而怜悯任用我的兄弟吗?我之所以不愿见皇帝,就是希望能长久地把兄弟托付给他啊!"

听了李夫人这一番话,姐妹们这才感到李夫人考虑深远,而自叹弗如。果然李夫人不久死去后,汉武帝一直对她追念不已,并封她的兄弟以很高的爵位官职。汉武帝死后,她还得以以皇后的身份配享宗庙,尊号为"孝武皇后"。

知彼知己多权衡,欲擒故纵成大功

李夫人对汉武帝施的这一招其实是欲擒故纵的策略。作为三十六计中的一计,"欲擒故纵"的意思很明白,它的最终目的是"擒",而为了达到该目的,先采取了"纵"的手段,故意放开对手,麻痹对手,让对手在不知不觉中放松对自己的警惕性,从而掩护自己接近对手和攻击敌手的意图,达到最终"擒获"的目的。

在战争中,一味地主动进攻,就一定能打败敌人吗?不一定!在商场中,一味地多投入,就一定能带来高收益吗?也不一定!在生活中,一味地拉近人与人之间的距离,就一定能使关系融洽吗?也不一定!事实证明,全部依靠主动是不行的,不管是事业和生活中,我们都需要一点欲擒故纵的策略,就像恋人吵架时,男方会开玩笑说:"先晾凉她,等她绷不住了就会来找我了。"这句话虽然听起来是玩笑话,但是一方面也是一种"欲擒故纵"。

企业经营讲究诚信,诚能制胜,仁者无敌。然而,在激烈的市场竞争中,必须有成熟的经营艺术,深刻的谋略思想,按照规则的竞争是光荣的竞争,科学发展的艺术是智慧的体现。我们如何才能正确地利用各种谋略来为企业经营创造各种有利条件,促进企业的发展壮大呢?"欲擒故纵",这一擒一纵之间,究竟蕴含着什么哲学道理?它的思想根源在哪里呢?当我们面对各种纷繁复杂的事务和人际关系的时候,此计又会带来什么样的启示呢?

大家应该都知道曾经闹得沸沸扬扬的"番茄花园"事件。据报道,在国内使用范围相当广泛的番茄花园版 WindowsXP 操作系统制作者洪磊已经被捕。根据初步调查,在国内的所有 Windows 系统使用者中,约有 7 成的计算机用户使用,或者曾经使用过"番茄花园"版本 windowsXP 操作系统。该版本 2003 年面世,在反盗版技术已经相当先进,相关法律法规不断完善的新时代,一个流传范围如此之广的盗版软件直到今日才被正式处理,也不能不说其中颇多蹊跷。我们从微软公司总裁盖茨先生以前所说过的一段话也可了解其中端倪。1998 年 7 月 20 日,比尔·盖茨在《财富》杂志上说:"尽管在中国每年卖出 300 万台电脑,但中国人不花钱买软件。只要他们想偷,我们希望他们偷我们的。他们会上瘾,我们由此可以看到未来十年的收成。"这就是微软的中国战略,先让中国人买盗版,并让中国人上瘾，当中国人离不开微软的时候，就是微软收钱的时候。

现在，我们不得不承认，微软在一定程度上算是成功了。如今在中国，Windows操作系统已经占据了国内市场的绝大部分，计算机用户绝大部分接触和使用的都是Windows操作系统和以此为平台在上面运行的各种软件，有很多的计算机用户甚至都不知道还存在其他的操作系统。微软通过开始阶段对其软件产品盗版行为的"纵"，成功地实现了"擒"住中国市场的目的。

相信大家都非常熟悉三国时期诸葛亮七擒孟获的故事，它也是成功运用这一计的典型战例。使用此计的人必须有宽广的胸怀和远大的目光，能摸透敌方的心理，既敢纵得开，又能擒得的住。就如李夫人一样，她对汉武帝来探望她的心思早就深深明白。她知道，汉武帝深爱的是以前那个美貌的女人，而不是现在这个病体奄奄的她，因此，现在与他见面，不但不会增加彼此的感情，还会连留在他心底的最后一刻美丽也毁掉，所以见还不如不见！而这正是她的高明之处。

观史悟道

俗话说"人贵有自知之明"，倘若一个人没有自知之明，就不能明白自己的生活与处境。并且人也要能知人，李夫人就是知道汉武帝爱美的心理，才不让他见的。所以唯有那些有自知之明的人才能认清自己、洞察别人，也才能知己知彼做出正确的决定。

杨修自作聪明被曹操所杀

东汉末年的杨修，字德祖，是东汉太尉杨彪的儿子，在曹操的军中任主簿之职。他是一个聪明绝顶、极有才华的人。当时曹丕和曹植争当太子，杨修想帮曹植。曹操决意立曹丕为嫡以后，为了防止杨修给曹植出主意惹麻烦，同曹丕对着干，弄得兄弟祸起萧墙，便在自己临终之前把杨修杀了。

曹丕被立为太子后，杨修就想疏远曹植，而曹植却一再拉拢杨修，杨修"亦不敢自绝"。曹植毕竟是曹操的爱子，即便当不上太子，也是得罪不起的。杨修虽然出身名门，四世太尉，和袁绍兄弟一样也是"高干子弟"，父亲又是当朝太尉，但此刻连皇帝都成了曹操的玩偶，太尉又算什么？杨修对曹氏兄弟不巴结着点，又能怎么样呢？

但杨修和曹丕的关系也可以。杨修曾把一把宝剑献给曹丕，曹丕十分喜欢，经常把它佩带在身上。后来曹丕当了皇帝，住在洛阳时还佩带这把宝剑。有一天曹丕出宫，忽然想起了杨修，便抚着宝剑喝令停车，回头对左右说：这就是当年杨德祖说的王髦之剑了，王髦现在在哪里呢？及至找到王髦，曹丕便赐给他一些粮食和衣物。俗话说，爱屋及乌。曹丕这么喜欢这把宝剑，喜欢到连王髦都要赏赐；提起杨修时，称他的字不称他的名，都说明曹丕对杨修还是有些感情的，至少不那么反感。那么让人疑惑的是：曹丕自己都不想杀的人，曹操为什么要替他杀了呢？

其实，杨修辅佐曹植，多半因为揣度曹操会立曹植，所以尽管两兄弟都和他交往，他还是倒向了曹植。曹植失势后，他又想开溜，这都是小聪明的表现。他给曹植出的那些点子，也都是一些小聪明，且是很容易引起别人反感的小聪明。

有一次，曹操命令曹丕、曹植兄弟各出邺城门外办事，事先又密令门卫不得放行。杨修猜中了曹操必然有此安排，便事先告诉曹植说，万一门卫不放侯爷出去，侯爷身有王命，他要不让出门，你就可以杀了他再出去。结果曹植出了城，曹丕没出去。但曹操的这一安排，是对兄弟俩的综合考察，既要察其才，更要察其德。曹植表面上赢了这场比赛，却给曹操留下了曹丕仁厚、曹植残忍的印象，实际上却是输了。杨修知其一，不知其二，重智轻德，看得并不远，所以是小聪明。

杨修喜欢揣度曹操的心思，常常替曹植预先设想许多问题，并写好答案。每当曹操有事询问时，便把事先准备好的合适答案抄录送上去，以图给曹操"才思敏捷"的印象。然而一来二去，曹操便起了疑心，心想曹植再聪明，也不至于如此之快呀！便派人暗中去查，结果查出原来是杨修在预设答案。从此便对曹植有了看法，对杨修则更是厌恶之极。

可惜杨修一点自知之明都没有，常常要卖弄小聪明。他身为曹操主簿，却又不肯老老实实坐在办公室里，老想溜出去玩。可是又怕曹操有问题要问，于是每当外出时，都要事先揣度曹操的心思，写出答案，按次序写好，并吩咐侍从，如果丞相有令传出，就按这个次序一一作答。没想到人算不如天算，有一次他写好出去后，因刮起一阵大风，将纸张的次序全吹乱了。侍从们不知还有顺序排列，便按乱了的次序作答，自然文不对题。曹操勃然大怒，侍从们只好老实交待。曹操就把杨修叫来盘问，杨修不敢隐瞒，只好承认，曹操见杨修这样对付他，心中自然十分忌恨。

更糟糕的是，杨修还要在众人面前卖弄这种小聪明。有一次，曹操去视察新建的相国府，看后不置可否，只让人在门上写了个"活"字。杨修便令人将门拆掉重建，说："门"中"活"，就是"阔"，丞相是嫌门太大了。又有一次，有人送给曹操一盒酥糖。曹操吃了一口，便在盒子上写了个"一盒酥"三个字放在了案头。杨修见了后却与大伙分吃起来，众人不解，曹操回来后问怎么回事，杨修说您不是写明了"一人一口酥"（古文上下写）吗？我们不敢违背您的意思，就赶紧吃了，曹操虽苦笑，心里却恶之。

公元219年，曹操亲率大军，从长安出斜谷，进军汉中，准备和刘备决战一场。谁知刘备敛众据险，死守不战。曹操欲攻不得进，欲守无所据，战守无策，进退两难。有一天部下向他请示军中口令，曹操正在吃一块"鸡肋"，品时下境况，觉得如同"鸡肋"，便说"鸡肋"为号。杨修听说"鸡肋"为号后，立即收拾行装。大家忙问何故，杨修说：鸡肋这玩艺，食之无味，弃之可惜，主公是打算回家了。

杨修说的确实不错，可这一回只怕也就要了他的脑袋。果然曹操以扰乱军心为名杀了杨修，罪名是"露泄言教，交关诸侯"。可以看出，杨修的这种小聪明常常使他搬起石头砸自己的脚。他的死，其实和他爱耍小聪明很有很大的关系。

才华要藏，不可张扬

俗话说"盐多伤身，话多伤人"；"病从口入，祸从口出"。在与人交往中，有些话不要说，也不必说，该藏在心里的就永远烂在肚子里好了，说出来既伤了他人也伤了自己。有时图一时痛快，口无遮拦，说过了后悔了，怕伤害了别人，也因此伤害了自己。而被伤了心的人有的也会记仇，这样就更增加了危险。《菜根谭》上说："君子之才华，玉蕴珠藏，不可使人易知。"说的也是这个道理。

人们常说为人要低调做人，高调做事。低调做人，说白了就是一种谦逊。人要懂得谦虚、内敛，就是说心中要能包含着情感落差，喜怒哀乐不形于色，任何情况下都能保持一种平和、沉稳，做到这点，我们才能在与人的竞争中不轻易被人击败。

俗话常说："枪打出头鸟。"但并不是所有的鸟都是命中注定等着挨枪的。鹰在扑食之前总是躲在隐蔽的树梢上晃头晃脑地察看前后左右，直到确定没有"敌情"才敢落地叼食。可见鹰内敛的城府，它绝对不会因为自己身材高大而自我标榜，所以但凡人们所说的出头之鸟中，你绝对找不到它们的身影。

说到内敛,中国女排主教练陈忠和曾是中国女排的"带头鸟",然而他为人却十分内敛,展示给人的常是一张微笑的脸。2004年雅典奥运会带领女排取得冠军载誉归来后,央视主持人请他讲讲心得时,他却笑着把那位总决赛中负于自己的俄罗斯主教练卡尔波利大大地夸赞了一番。

这位被喜悦所环绕、被赞扬所包围的"微笑英雄"没有被胜利冲昏头脑,虽然2008年北京奥运会他没能带队取得像雅典一样的辉煌,但大家都知道他尽力了。没有谁去责怪他,因为他拿出的是自己默默的努力,全力地拼搏,他以自己的真诚坦然、含蓄内敛,赢得了人们的信任与爱戴,这也正是他低调内敛的处世修为所致啊!倘若他为人张扬,取得成绩后大吹大擂,那么就不会有这么多人喜欢他,也不会有这么多人宽容他。

通常情况下,每个人身上内敛与张扬兼而有之,内向与外向都是相对的,内向的人也有张扬的时候,外向的性格也有内敛的表现,彼此纠结交织,难以截然分割。平常人在春风得意时总好张扬,条件逆变时则变得本分;而非常之人身处顺境时能谦虚自爱,身处逆境时则能发奋努力。

正所谓桃李不言下自成蹊,有芬芳自能引蝶来。只要把自己的事情做好,他人尤其是领导自会看在眼里。如果到处自我做广告,那反而会让人不喜欢。

观史悟道

内敛与张扬是人生的两种表情、两种态度、两种状态,是人对自身处境和外界刺激所持的两种心态,也是人们对大千世界的两种回应方式和发泄管道。适度内敛自己的个性,生活和工作都会安定有序,而过分的张扬自己,就会经受更多的风吹雨打,暴露在外的椽子自然要先腐烂。一个人在社会上,如果不合时宜地过分张扬、卖弄,那么不管多么优秀,都难免会遭到明枪暗箭的攻击。

王羲之装睡免祸端

东晋王朝的建立者司马睿本是西晋王朝的一个普通的皇族,西晋灭亡后,司马睿在官僚士族的扶持下在建康(今南京)称帝。其间尽力最大的就是王导、王敦两兄弟,司马睿也很尊敬王氏士族,史称东晋建国初期为"王与马,共天下"。

王羲之是王敦的同族侄子。王羲之自小聪明伶俐,很受大人们的喜爱,特别是王敦对王羲之喜爱的程度更是超过一般人,每次王羲之来家里,他都将其留在自己的屋中住上一宿,晚上一起谈话,并亲自教育他。

有一次王羲之来玩,王敦又将他留了下来。天亮后,王敦先醒了,他起床梳洗完毕,王羲之还在帐子里睡觉。这时,跟王敦关系很好的钱凤过来拜访,他直接走入屋中和王敦商议起兵之事,王敦也和他细谈起来,完全忘记了还在帐子里睡觉的王羲之。

过了一会儿,两人的谈话声惊醒了王羲之,他听了一会儿两人的谈话,马上明白了他们要起兵造反。王羲之此时虽然年龄小,但是也明白了不少事情,并且对自己的伯父非常了解,知道他是一个为达到自己的目的可以牺牲一切的人,他又想到如果王敦得知自己了解了他不可告人的秘密后杀人灭口,不由既着急又害怕。

怎么才能让王敦认为自己没有听到他们的谈话呢?他突然想到了装睡这一招或许管用,于是就小心翼翼地往脸上和被子上吐口水,显出一副仍然熟睡的样子。

果然,两人商议到一半,王敦突然想起帐子里还有一个人呢,大吃一惊说："唉，不能不除掉他了。"就和钱凤走到床边，揭开帐子一瞧，只见王羲之嘴边、被子和床上唾液横流，一副正在死睡的样子，便相信他仍然在熟睡，根本没有听到两人刚才的话，于是都松了一口气，也就不再想除掉他了。

王羲之装睡了一阵，又假装睡醒了，起床后态度很是镇定，与平时没什么两样。王敦和钱凤也没有感到异常，也就没有动杀掉他的念头。直到王敦死后，王羲之才把这件事情说出来。

随机应变，见机行事

应变能力是当代人应当具有的基本能力之一。在当今社会中，我们每个人每天都要面对比过去成倍增长的信息，如何迅速地分析这些信息，是人们把握时代脉搏、跟上时代潮流的关键。它需要我们具有良好的应变能力。

美国佛罗里达州有个小商人，注意到家务繁重的母亲们常常因为临时急急忙忙上街为婴儿购买纸尿片而烦恼，于是灵机一动，想到创办一个"打电话送尿片"公司。送货上门本不是什么新鲜事，但送尿片则没有商店愿意做，因为本小利微。为做好这种本小利微的生意，只能精打细算。这个小商人雇佣全美国最廉价的劳动力——在校大学生，让他们使用的是最廉价的交通工具——自行车。他又把送尿片服务扩展为兼送婴儿药物、玩具和各种婴儿用品、食品，随叫随送，只收15%的服务费。结果，他的生意越做越兴旺，成为一个创业的赢家。所以，人若能随机应变，事情办起来就会很顺利，也许还会让你于绝境之中看到成功的大机会。

但是，我们每个人的应变能力并不相同，造成这种差异的主要原因，可能有先天的因素；也可能有后天的因素，如长期从事紧张工作的人比工作安逸的人应变能力高些。应变能力也是可能通过某种方法加以培养的。

无论家庭、学校、工作单位还是一个小团体，都是社会的一个缩影，在这些相对较小的范围内，我们可能会遇到各种需要应变能力才能解决的问题。因此，只有首先学会应对各种各样的人，才能推而广之，应付各种复杂环境。只有提高自己在较小范围内的应变能力，才能推而广之，应付更为复杂的社会问题。实际上，扩大自己的变化范围，也是一个不断实践的过程。

应变能力高的人往往能够在复杂的环境中沉着应战，而不是紧张和莽撞行事。在工作、学习和日常生活中，遇事冷静，学会自我检查；自我监督、自我鼓励，有助于培养良好的应变能力。

假如我们遇事总是迟疑不决、优柔寡断，就要主动地锻炼自己分析问题的能力，迅速作出决定。假如我们总是因循守旧，半途而废，那就要从小事做起，努力控制自己，不达目标不罢休。只要下决心锻炼，人的应变能力是会不断增强的。

在一些富有挑战性的实践活动中，我们必然会遇到各种各样的问题和实际的困难，努力去解决问题和克服困难的过程，就是增强人的应变能力的过程。

观史悟道

衡量一个人是否优秀的关键一点，就是看他的应变能力，处理事情的能力。有能力的人会在没有造成损失之前把问题解决掉，并且这样的表现贯穿于发现问题、研究问题和解决问题的复杂的脑力劳动过程中。能做好这些，我们方能在棘手的问题面前立于不败之地，成为一个出色的处世高手。古语说："智者见于未萌，愚者暗于成事"，说的就是这个意思。

李忱装傻继帝位

唐朝时的宣宗李忱是晚唐时期很有作为的一位皇帝，它是唐宪宗的第十三子，唐穆宗的弟弟，敬宗，文宗，武宗的叔叔。李忱本名李怡，即皇帝位后改名忱。

但李忱自幼便笨拙木讷，口吃严重，不太爱说话，看人常斜着眼看，与同龄的孩子相比似乎略为弱智，宫中人见他跟傻子没什么两样，都叫他"痴儿"。

长大一些后，李忱变得更为沉默寡言。无论是遇到好事还是坏事，他都无动于衷。平时游走宴集，也是一副面无表情的傻样。

唐武宗在位时，一直没立太子，会昌六年（公元846年），唐武宗因食方士仙丹而暴毙，他留下的五个儿子还小，国不可一日无主，在选继任皇帝的问题上，得势的宦官们首先想到的是找一个能力弱的皇帝——这样，才有利于宦官们继续独揽朝政、享受荣华富贵。宦官们想来想去，想到个人物，这便是被他们称为"痴儿"的李忱。

正由于李忱从小就傻，所以宦官以为选他好控制。谁料到李忱登基的那一天，大明宫里所有人都惊呆了。在他们面前的，哪是什么低能儿，简直就是一个英明睿智的人。李忱即位以后，口也不吃了，眼也不斜了，处理政务，接待群臣，井然有序，事事得体，这下宦官们可傻眼了，纷纷后悔莫及。

原来李怡一直怀疑唐宪宗是被穆宗害死的，这个皇位么，当然不应该由穆宗这个逆子继承，应该他来继承。等到他即位之后，马上把名字改了，改为李忱。"怡"字左边是心，右边是台，合起来看是心怀去后还回。"忱"字看起来是沉下心来。呵，愿望得逞，心中一块石头落了地。由此亦可见他是个睿智的人。

李忱登基时，唐朝国势已很不景气，**藩镇割据**，牛李党争，宦官专权，官吏贪污，四夷不朝。李忱即位后，立即否定了武宗的一切不良施政方针，致力于改变这种状况，先贬谪李德裕，结束牛李党争。在考虑谁做宰相时，第一个想到了白居易。诏书下去时，白居易已去世八个多月了。李忱听到这个消息，悲痛万分，写了首《吊乐天》，诗曰：缀玉联珠六十年，谁教冥路作诗仙。浮云不系名居易，造化无为字乐天。童子解吟长恨曲，胡儿能唱琵琶篇。文章已满行人耳，一度思卿一怆然。

从这首诗中不难看出，这样的人，又如何会是傻子呢？他只不过以装傻瞒过世人的眼睛，以求韬光养晦罢了。

唐宣宗李忱勤俭治国，体贴百姓，减少赋税，注重人才选拔，唐朝国势有所起色，阶级矛盾有所缓和，百姓日渐富裕，使暮气沉沉的晚唐呈现出"中兴"的局面。他也成为唐朝历代帝王中一个比较有作为的皇帝，在位十三年期间，收复了河西，做到了外无边患，内无战乱。他十分重视选拔人才，能做到明察慎断，治国具有贞观之风，故他也被后人称为"小太宗"。

大智若愚不强为，不露锋芒成大功

唐宣宗李忱看上去虽傻，却是一位智者，他的装愚守拙功夫可谓炉火纯青。他自信沉着地演了36年戏，将愚不可及的形象深植到对手们的心中，在保全自己的同时，用"内智"成就了一番伟业。

《菜根谭》中说："鹰立如睡，虎行似病，正是其攫鸟噬人的法术。故君子聪明不露，才华不逞，才有任重道远的力量。"此语包含着大智慧，也是对"大智若愚，大巧若拙"的生动诠释。假装愚钝，让人以为自己无能，让人忽视自己的存在，而在必要时，可以不动声色，后发制人，让别人失败了还不知是怎么回事。

一般说来，人性都是喜直厚而恶机巧的，但胸有大志的人，要达到自己的目的，没有机巧权变，又绝对不行，尤其是当他所处的环境并不如意时，那就更要既弄机巧权变，又不能为人所厌，所以只能采取"鹰立如睡、虎行似病"的外愚内智的逆道智慧。

在美国的一个乡村小镇里，一个小孩常常因为有点傻气而招来众人的捉弄。常有人把一枚五分的硬币和一枚一角的硬币扔在小孩面前，让小孩任意捡一个。小孩总是捡那个五分的，于是大家都嘲笑他，就不断地扔硬币逗他玩，拿他开心。

有一天，一位慈祥的老人看到小孩很可怜，便对他说："可怜的孩子，难道你不知道一角要比五分值钱吗？"

"当然知道，"小孩慢条斯理地说，"不过，如果我捡了那个一角的，恐怕他们就再也没有兴趣扔钱给我了。"

这个小孩，后来成为美国历史上赫赫有名的一位总统。他的名字叫威廉·亨利·哈里逊。

藏巧愚拙，是一种高超的处世智慧。懂得这种智慧的人，会在人前尽量收敛自己的智慧，做出一种糊涂的样子，这类人在小事上常常不如一般人精明，应变能力好像也差一些。这正是城府很深的表现。

当然，"大智若愚"，并非故意装疯卖傻，并非故意装腔作势，也不是故作深沉、故弄玄虚，而是待人处事心平气和，遇乱不惧，受宠不惊，受辱不躁，含而不露，隐而不显，自自然然，平平淡淡，普普通通，从从容容。看透而不说透，知根而不亮底，凡事心里都清清楚楚，明镜似的，而表面上却好似不知、不懂、不明、不晰，实际却洞若观火。

所以我们一定要切记：若愚者，即似愚也，而非愚也。在"若愚"的背后，隐含的是真正的大智慧、大聪明、大学问。而只要是真正具有大智慧的人，往往给人的印象总是显得有点愚钝，因为他们都懂得深藏不露，努力把自己的聪明隐藏起来，这样才能做大事，有大成就。

观史悟道

在历史上，耍小聪明的人吃尽苦头，误了终身，而那些大智若愚、藏巧于拙的人却往往成就了大事,铸造了人生的辉煌。所以我们做事为人,也不要锋芒毕露,而应该藏其才华,隐其棱角,这样才容易把事情做成功。

王阳明适时让功巧避祸

明代的大学者王守仁,字伯安,号阳明子,世称阳明先生,故又称王阳明。浙江余姚人。他不但在哲学研究上造诣极深,在处世待人上也极具智慧。

明武宗时期,宁王朱宸濠反叛朝廷,王守仁遵照皇上的旨意率部队平息了这场叛乱,并擒拿了朱宸濠,将其囚禁在浙江。当时皇帝南巡,正留驻在南京。中官(太监)就偷偷地来找王守仁,对他说:"王大人,皇上此次要御驾亲征,来擒宁王。现在您先把宁王抓住了,等皇上来的时候,什么功劳也拿不到,这不是很损皇上的威严吗?我们都是做臣子的,应该处处为皇上着想啊。"

王守仁不理会中官的意思,坚决不肯放宁王。中官见此计不成,只好另想其他的办法。于是,他就找了两个太监,到浙江假传圣旨给王守仁,"圣旨"的意思是请王守仁放了宁王,等皇上亲自来的时候,再抓他。王守仁不相信,就要求看看皇上的圣旨,两个太监心里有鬼,害怕伪造的圣旨出了破绽,也就偷偷地跑了。

王守仁擒获宁王以后,作为与他一起来征讨的大臣江彬等人妒忌他的功劳,便散布谣言说:"王守仁开始的时候是和朱宸濠同谋的,只是后来他听说皇帝要御驾亲征,率军南下,他才擒拿逆贼,为自己开脱的。"江彬一伙还偷偷在私下里商量，要擒拿王守仁，一并向皇上请功。不久这个传言就传到了皇上的耳朵里，皇帝不信，于是才有上面所说皇帝要御驾亲征的事情。

王守仁的手下听说了这个消息就来向他报告，并请求是否要采取什么措施。王守仁听后也吓出一身冷汗，他镇定地想了想说："这件事情如果按照皇帝的本意，或许还有所挽救，但是，如果有人在皇上面前进谗言，说我们的不是，那事情就糟了。"

王守仁思虑再三，决定找来皇帝派来的钦差大臣张永，把宁王移交给张永看管。然后写了捷报，让人送到京城，同时还声称此次捉拿宁王的功劳全在总督军门江彬，以此来阻止皇帝的江西之行，而自己则称病躲进了净祠寺。江彬一伙听到了这个消息，心中对王守仁的怒气消了许多，而且很感谢他将功劳推到自己身上，也就不再无端地散布谣言了。

张永回到京城后，便在皇帝面前极力称赞王守仁对皇上的一片忠心，以及在擒拿逆贼过程中让功避祸的意思。皇帝这才明白了是非，消除了对王守仁的怀疑并奖励了他。

能舍才能得，得失之间细思量

王守仁的做法就很聪明，因为最好的办法就是把功劳让给造谣生事的江彬，以平复他们的嫉妒心理。这样做虽然有些窝囊，却能躲过一场灾祸。面对小人当道，正直的人往往得不到信任。如果强硬地与他们斗争；反而可能会被他们诬陷，这时就要采用以退为进的办法，先明哲保身，再找机会制服他们。

在现实生活中，人们经常徘徊在舍得、舍不得之间，不知该如何抉择。比如孩子长大了要离家去当兵，去上大学，家长往往就舍不得。有的时候，舍不得也要舍。舍意味着放弃，意味着你将会有新的选择，这就要求你下决心来做出决定。

舍弃永远要比得到难得多。有多少人能够舍弃现在的生活而去追求自己心里真正想要的东西呢？很多人都害怕舍弃了现在的所得，一旦追求不到更好的东西反而会得不偿失。但是，要知道，假如你舍不得放弃，你又如何去得到更多呢？很多人就是因为不敢舍弃，所以才失去了许多改变人生的好机会。如果当年盖茨不舍弃他的大学，那么世界上就也许就多了一个大学生，而少了一个微软总裁。

"舍得"二字看似平常，其实，它包含着深刻的哲理和辩证法。可以说，舍即得，得即舍，二者是相辅相成的。

在市场上，你得到商品的同时就舍弃了金钱；在大街上，你施舍钱物给乞讨者的同时就得到了善缘；你疲于应酬，得到酒肉朋友的同时，你就失去了宝贵的读书时间，甚至还有你的健康；你选择了事业第一，得到了"轰轰烈烈"，就必然会减少跟家人在一起的时间，失去了"天伦之乐"。

如果你是一个普通人，你就很难过别人的生活；如果你是一个大名人，你就很难过自己的生活；如果你选择了谨慎，你就会显得缺乏魄力；如果你选择了冒险，你就会失去平静。总之，你选择做一件事情的同时就必然会以放弃做其他事情为代价，也就是经济学当中所谓的机会成本。

如果你手中有权，当你拒绝权钱交易，顶住贿赂的同时，你就守住了清廉之名和正义之身；如果你有口福，当你享受着山珍海味、名烟名酒的同时，你就在不知不觉中消耗着青春和健康。

生命中有许多东西，哪怕是你最喜欢的，最舍不得的，在必要的时候都要学会舍得放手，舍得离开，舍得让情感选择自由。不肯舍，便无法得到将来的幸福。犹如我们一路前行，眼前的风景旖旎绝伦，美不胜收，当舍不得赶路前行的时候，我们便失去了前方更多更美的风景。

懂得"舍得"之法的目的还在于运用"舍得"之法，但是，大前提必须搞清楚，就是你要做什么样的人？还有你要过什么样的生活？这从根本上决定着你的选择，即舍弃什么？得到什么？

人生是一种不断选择的过程，而舍得则是一种升华人生的智慧，是一种独特的人生选择。你怎样正确对待选择，看清舍得，将直接影响着人生的成败。而懂得"舍得"之法，就会让人睿智、豁达、宁静、淡泊，就会使人珍惜自己曾经或者目前所拥有的，同时，不会因为自己有所损失而惋惜，达到所谓"不以物喜，不以己悲"的超凡境界。只有达到如此境界，才能在面临"鱼与熊掌，二者不可兼得"的两难境地的时候，冷静地分析利弊，果断地选择得失。

观史悟道

古人曾有言："舍即是得。"这里，"舍"是前提，"得"是目的。"舍"的结果最终是为了"得"，只是得多得少和先得后得的问题。这一点一般人很难体会到。如果你没有"舍"的准备，就不会有得的收获。

郑燮"吃亏是福"与邻为善

清代著名画家、书法家郑板桥，原名郑燮，字克柔，号板桥，也称郑板桥，江苏兴化人。他是中国历史上杰出的艺术名人，"扬州八怪"的主要代表，以三绝"诗、书、画"闻名于世。

郑板桥曾于乾隆年间中过进士，后来在外地做官时，忽然有一天收到在老家务农的弟弟郑墨的一封信，信中求哥哥出面，到当地县令那里说情。原来，郑家与邻居的房屋共用一墙，郑家的人想翻修老屋，邻居出来干预，说那堵墙是他们祖上传下来的，不是郑家的，郑家无权拆掉。为此两家争执了好久，甚至到了衙门，起了官司。

其实，契约上写得很明白，那堵墙是郑家的，邻居只是借光盖了房子。这官司打到县里，尚无结果，双方都难免求人说情。郑墨粗识文墨，并非惹是生非之徒，只是这次明显受人欺侮，心里的怨恨实在咽不下去，自然就想到了做官的哥哥。郑墨想：我有契约在，我哥哥又是当官的，由哥哥出面说情，官官相护，这官司肯定能打赢的。

于是郑墨就给哥哥郑板桥去了一封信，郑板桥收到信以后，思索了好久，他认为在这件小事上，弟弟不妨大度些，不应该和邻居发生矛盾，更不该闹到打官司的程度，于是他思虑再三，给弟弟回信寄了一个条幅，上写"吃亏是福"四个大字。郑墨接到信，羞愧难当，当即撤了诉状，向邻居表示不再相争。那邻居也被郑氏兄弟的宽容大度所感动，表示也不愿意继续闹下去。于是两家重归于好，仍然共用一墙。

投机取巧不可取，"吃亏是福"应牢记

一个人活在世上，靠算计别人过日子是徒劳的，唯有大家在一起相互帮助、谦让、真诚、友好相处，关系融洽和睦了，日子才能过得轻松愉快。

做人莫怕吃亏，要有自我牺牲的精神。这样才不会患得患失，才不会囿于世俗中的鸡毛蒜皮之小事而无法自拔；这样的人心胸才会开阔，为人才会豁达，生活才有意义。

能吃亏也是做人的一种境界，会吃亏则是处事的一种睿智。吃亏绝不亏，惜福才有福；做人要能吃得亏，过于计较，得失心太重，反而会舍本逐末，丢掉应有的幸福。"吃亏"不光是一种境界，更是一种睿智。

投机取巧也许能让一个人取得一时的成功，但即便是一时的成功也不是长久，唯有忠实肯干，不怕吃亏，才能福泽绵长。

2000年悉尼奥运会上，中国奥运军团去悉尼之前，有多名选手被临阵拿下，原因之一是：血检有疑问。于是，有人大叫，这属于自乱阵脚，没有比这再傻再吃亏的事了。

但奥运开幕，我们吃的亏开始变成福。保加利亚的伊万诺夫获得了银牌，却由于兴奋剂事件银牌消失，中国选手由铜牌变成银牌；罗马尼亚体操全能金牌获得者，由于禁药事件，中国选手由第四变成第三；占旭刚获金牌可喜可贺，不过占旭刚却对记者说，此次药检查得紧，对手减弱，他才拼出机会；赛前替下王妍，替补上王丽萍，也许王妍不上是其他原因，

但王丽萍最后意外夺金。这些都说明吃亏是福啊。

所以说，有时候貌似是吃亏，其实却是大大的福气，它能让我们知道自己的劣势，然后迎头赶上，最终取得成功。所以说，吃亏是福。

观史悟道

吃亏其实是福，躲避吃亏的人到头来吃亏的一定是自己，而那些不怕吃亏的人最后却总是能得到福气。一心想沾别人便宜的人，是最怕别人沾了自己的便宜。别人随意说了一句话，做了一件事，在他想来却是其中有诈。这种人做什么事都是小心谨慎，时时提防，战战兢兢过日子，这样的生活又有什么意思呢？

奕𫍽谦恭谨慎做人臣

清代咸丰皇帝时的醇亲王奕𫍽，是咸丰皇帝的弟弟，他的夫人是慈禧太后的亲妹妹，因此，他不仅是慈禧太后的小叔子，又是其妹夫，在当时是赫赫有名的七爷。

咸丰皇帝早死，之后的奕𫍽便生活在极其可怕的政治环境中，但他抱着"夹着尾巴做人"的心态，却得享一生平安。

奕𫍽年轻时曾参与清廷内部权力的争斗，他在热河时就与慈禧太后联合在一起，秘密准备发动政变、惩处肃顺等"顾命八大臣"的谕旨，回到北京后，他随慈禧太后、六哥恭亲王奕䜣发动"辛酉政变"，后又带领军队夜抵密云捕捉肃顺，为慈禧太后上台垂帘听政立下了汗马功劳，被授以都统、御前大臣、领侍卫内大臣。

但是，不久以后他就看到清廷内部权力斗争的残酷无情，特别是比他功劳更大、地位更高的奕䜣，曾因小过险遭罢斥之祸后，奕譞的处世态度顿为大变，开始时时事事谦恭谨慎。

奕譞曾特意命人仿制了一个周代的欹器，这个欹器若只放一半水，就可以保持平衡，若是放满了水，则会倾倒，使全部的水都流失掉。奕譞便在欹器上亲自刻了"谦受益，满招损"的铭词。

1874年，同治帝驾崩，无子嗣，慈禧太后召集王公大臣等宣布说，欲立奕譞的儿子载恬为皇帝。听到自己的儿子被选立为皇帝，奕譞不但没有丝毫的兴奋，反而被吓得昏倒在地，碰头痛哭，被人搀扶而出。

奕譞深知慈禧太后气量狭小，待人凶狠无情，就是她的亲生儿子同治帝也时常遭慈禧的责骂虐待，自己儿子一旦为帝，如入虎穴，不但儿子时刻有杀身之祸，就连他奕譞本人也难免为慈禧太后所疑忌。因为他的儿子做了皇帝，他本人就成了"皇帝本生父"了，本生父虽然与太上皇不同，但如果将来他的儿子大权在握，就有可能把他尊为太上皇，这就会损害慈禧太后的权力，而慈禧太后恰恰权力欲旺盛，是万万不能容忍的。

为了远避嫌疑，表明自己的心迹，奕譞一面言词悲悯地恳请罢免一切职务，表示要"丧尽余生，与权无争"；一面秘密地向慈禧太后呈递奏折说，将来很可能有人利用他是清光绪帝本生父的特殊地位，援引明朝皇帝"父以子贵，道遭所尊亲"的例子，要求给他加些什么尊号，如果是这样的话，就应该将提倡建议的人视之为"奸邪小人，立加摒斥。"

光绪帝继位的第15年，果然有一个官员上疏清廷，请求尊奕譞为"皇帝本生父"。慈禧太后见疏大怒，拿出奕譞以前的奏折为武器下谕，痛斥此人以邪说竞进，风波很快平静了下去。

虽然慈禧在位期间胡作非为，杀了很多人，把个国家搞得一团糟，并且与光绪皇帝关系很不睦，时刻掌控着光绪，但奕譞却能于夹缝之中求生存，也算是个奇迹了。

放低位置多谦逊,"夹起尾巴"免遭忌

在我国的封建专制制度之下,伴君如伴虎,尤其是像奕譞这样具有皇帝生父特殊身份的人,更容易遭到慈禧太后的猜忌,稍有不慎,就会大祸临头。奕譞谦虚谨慎,不因自己有功而大肆宣扬,保全了自家的性命。

夹起尾巴做人,是一层抵御外来侵害的保护色。正如《菜根谭》中所说:"倚高才而玩世,背后须防射影之虫。"现实生活中,总有很多社会经验丰富的人会教育刚踏入社会的年轻人说,走上社会之后最好夹着尾巴做人,把自己摆在最低的位置。可是有些年轻人认为:我刚刚进入社会,我有很多远大的抱负,不趁着年轻放开手脚大干一番,锻炼能力增长才干,怎么能夹起尾巴呢?

其实,夹起尾巴做人与施展自己的才干抱负并不矛盾。比如在一些单位中,其人事关系是极端复杂的,因此,初入单位的青年人,首先要做到的是将自己的真正想法和动机隐藏起来,这样才能免遭同事的嫉妒和指责。人们常说的"韬光养晦"就是这个意思。

在社会中,不愿夹起尾巴做人而锋芒毕露者,最终的结局往往不是因其锋芒毕露走上成功,而是因屡受挫折而一蹶不振,以致最后被逐渐地磨去了锋芒。有一位图书情报专业毕业的研究生姓杨,分到上海的一家研究所工作,从事标准化文献的分类编目工作,他总以为自己是学这个专业的,自以为比那些原班人马懂得多,刚上班时,领导也摆出一副"请提意见"的派头,这种气度让他受宠若惊,于是他便提出了不少意见,上至单位领导的工作作风与方法,下至单位的工作程序、机制与发展规划,都一一开列了现存的问题与弊端,提出了周详的改进意见,领导表面点头称是,同事也没反驳。

可结果不但没有一点儿改变,他反倒被单位掌握实权的某个领导视为狂妄,一年的时间他工作也觉得很憋屈,就提出辞职了,领导也没有挽留。

工作上,在别的同事中间充当"擎天柱",你即使是座擎天柱也应想到山外有山,天外有天,只有那些谦逊的人,才能有机会施展自己的才华。因为你能想到的那些问题,别人其实也看到了,但可能没有更好的解

决办法，而你没头没脑地提出来，却会得罪很多人，所以我们做事情时最好能三思而行，不能莽撞行事。

观史悟道

　　一个人的名气大了，也不要认为自己就了不起了；一个人的功劳大了，更不应该处处邀功。俗话说，"夹着尾巴好做人"，对于普通人来说是必须要做到的，对功成名就的人来说，"夹着尾巴做人"也是一种明智的处世态度，总是在人前显露自己，往往会祸多于福。

第四章 进取与发展

伊尹自荐助商汤

夏商之交时的名臣伊尹，本在有莘国的空桑涧居住，在"有莘之野"躬耕务农。他听说商汤的一些作为后，知道商汤是个能做大事的人，便想找他一起做大事，但苦于没有机会见到商汤，他听闻商汤要娶妻，便先跑到商汤要娶的女子家里做奴隶。这个女子出嫁时，伊尹又自告奋勇作陪嫁奴隶，随出嫁的队伍来到了商汤的家里。

伊尹在商汤的家里从事厨子的工作，商汤见过他几次后，就觉得他跟别的奴隶不一样，便让他当了个小官。

有一次，商汤又和伊尹深入交谈了一次，才知道伊尹是有心装扮作陪嫁奴隶来找汤的，伊尹便趁机向商汤谈了对天下形势的看法和许多治国的道理，汤顿时觉得伊尹是个不简单的人，就马上把他提拔为助手，任阿衡（相当于军师或总管）之职，委以国政，让他帮助自己消灭夏朝。

在商汤和伊尹的共同治理下，商地实力迅速增强，商汤觉得自己可以与夏桀一决胜负了，便想出兵攻打夏桀，伊尹便对商汤说："现在夏桀还有支持的力量，我们先不去朝贡，试探一下，看他怎么样。"

商汤就按照伊尹的计策停止了对夏桀的进贡。夏桀果然大怒，命令九夷发兵攻打商汤。伊尹一看夷族还服从夏桀的指挥，就让商汤向夏桀请罪，恢复了进贡。过了一年，九夷中一些部落忍受不了夏朝的压榨勒索，都逐渐叛离了夏朝，伊尹便让商汤准备大举进攻夏朝，他还让商汤把推翻夏朝说成是上天的意愿，由商汤亲自向大家誓师，商汤说："我不是敢进行叛乱，实在是夏桀作恶多端，上帝的意旨要我消灭他，我不敢不听从天命啊!"接着伊尹又让他宣布了赏罚的纪律。

因为商汤借上帝的意旨来动员将士,再加上将士恨不得夏桀早早灭亡,因此大家作战都非常勇敢。夏、商两军在鸣条打了一仗,夏桀的军队被打败了。

最后,商汤和伊尹把桀捉住,并将他流放在南巢,一直到他死去。这样,夏朝就被商朝代替了,一个崭新的王朝出现了,历史上把商汤伐夏称为商汤革命。

商汤死后,伊尹又辅佐商汤的后代卜丙(即外丙)和仲壬二王。仲壬死后,商汤的孙子太甲即位,但太甲横行无道,不懂治国,伊尹将其放之于桐宫(今山西省万荣县西,另说今河南省虞城东北),令其悔过,重新学习汤的法令。三年后,迎回太甲复位。

伊尹于公元前1550年左右病逝,为沃丁执政之时。他为商朝理政安民五十余载,治国有方,权倾一时,世称贤相。

唱精彩的戏,就要有精彩的舞台

舞台或者说环境对一个人的发展很重要,你要在事业上唱一台精彩的戏,那么你就要有一个精彩的舞台。上面的这个故事就说明了这点。伊尹想办法给自己争取一个能见到商汤的机会,为自己创造了发挥才能的舞台。

一个人在充满批评挑剔的环境下成长,就会学会了吹毛求疵谴责别人;在充满敌意的环境下成长,就学会了争论反抗;在充满被怜悯的环境下成长,就学会了怨天尤人;在充满宽容的环境下成长,就会拥有一颗包容他人的心;在充满鼓励的环境下成长,就能积极进取;在充满被肯定的环境下成长,就容易树立远大的目标;在充满安全感的环境下成长,就学会了信任别人,与别人和睦相处;在充满公正诚实的环境下成长,就学会了廉正无私。

如果你现在还没有生活在较高的层次上,那么你就像伊尹一样,努力去寻找自己能一展才能的舞台吧。如果实在不能摆脱现状的话,那么也请你不要灰心丧气，因为事在人为，只要你拥有一颗纯真善良的心，那么你就能抵制外界的种种侵蚀，只要你胸怀坦荡，一身正气，那些闲言秽语又能奈你何呢？要知道，一个人唯有靠自己的奋斗，竭尽自己的心智，克服无数的艰辛，才能取得成就，才算得上真正的成功，才能获得其他人的信任和尊重。

当你对自己的双手和头脑有十足的信心，确信自己已经具备成功的条件，并且你确信自己一定能有所建树时，你不要在一些这样那样的打击下灰心丧气，不要再怕吃苦，不要再急躁不安。你应该一步一个脚印地去做，严格要求自己，把自己训练培养成一个高素质的人，然后向着你向往的位置而攀登。

观史悟道

一个人的成功首先是要靠自己的内在条件，但同时也要努力寻找适合自己的舞台。"天生我才必有用"。人人都有施展才华的舞台，重要的是要找到自己的舞台，否则就会像动物园里的骆驼一样，永远都激发不出跋涉耐力的潜能。

楚庄王先抑后扬一鸣惊人

春秋时期，南方的楚国一直很强大，在楚成王和楚穆王时，楚国是南方诸侯国的盟主。公元613年楚穆王驾崩，由他的大儿子熊旅继承王位，他就是即楚庄王。

楚庄王继位后,并没有像其他楚国新主一样,雷厉风行地做一些事情,而是终日同后宫的嫔妃们寻欢作乐,不问政事。

当时,有个名叫刘须的大夫惯于察颜观色,他细观楚庄王举止,认为楚庄王只是个极为贪恋美色的国王。于是他派专人去郑国,将自己昔日出使郑国时见过的一个绝色女子郑姬以重金买来,献给楚庄王。

楚庄王一见郑姬,喜得眉飞色舞,直夸刘须能干,还给了许多赏赐。这刘须得到楚庄王的赞赏后心里美滋滋的,便又去越国买来一些天姿国色的女子,更是把楚庄王彻底迷倒了。从此楚庄王不问朝政,不出号令,只与郑姬越女饮酒作乐,还经常带她们到云梦泽打猎游玩。就这样一连混了三年,使得楚国朝政混乱,举国无纲。

这时,晋国上卿赵盾乘机召集宋、鲁、郑、卫、陈、蔡、许七国诸侯盟会,重新订立盟约,共尊晋国为盟主,丝毫不把楚国放在眼里。

楚国的一些大臣见此情形,纷纷议论:晋国是楚国的强敌,近年一直与楚国争雄。如果楚国不攻打晋国,晋国也必然会攻打楚国。长此下去,楚必亡于晋。

于是,武将伍举等人冒死进入后宫,觐见楚庄王。到了宫里他们只听得钟鼓齐鸣,一群宫娥彩女正在翩翩起舞,楚庄王则左抱郑姬,右拥越女,好不快活。看到这里,伍举实在按捺不住,疾步过去跪倒在楚庄王面前。然而,楚庄王只是斜着眼睛看了一下,问他有何事?伍举说:"刚刚有人问了个十分奇异而又有趣的问题,但臣解不了,特来向大王请教。"楚庄王便让他说来听听。

伍举说"现在有一只五彩的大鸟,停留在郢都的凤凰山上,三年不鸣也不飞,不知道是什么缘故?"

楚庄王说:"这不是一只平凡的鸟。三年不动是在定意志,不飞是在长羽翼,不鸣是为了体察民情。虽然三年不飞,但飞必冲天;虽然三年不鸣,但必定一鸣惊人。孤王知道你的来意。"

伍举回去之后,将这个情况转告给楚国的臣子们,大家听到这个情况甚是高兴,都在等着楚庄王的"一鸣惊人"。

可是数月又过去了,楚庄王依然我行我素。楚国的前途却愈来愈令人担忧。这时大夫苏从对众同僚说大王如此言行不一，贪色丧志，楚国必亡，到时我等也难免一死。与其看到楚国灭亡而身死，倒不如现在进谏而死也落得忠臣美名。

大家认为苏从说的有理，便一起闯进后宫，一见楚庄王便倒地大哭。楚庄王大惊，问起原因。

苏从说："我听说'好道者多资，好乐者多迷，好道者多粮，好乐者多亡'。大王终日沉溺于鼓乐声色之中，不理政事，楚国能不亡吗？大王要'谏者斩'，我等今来进谏，必死无疑。"

楚庄王听后，抚掌大笑。忽然站起来，左手一把拉起苏从、右手抽出宝剑说道："有此忠臣，不愁楚国得不到大治，即日就息钟鼓，罢游猎！"说完，便一剑砍断了系钟鼓的绳索，斥退了歌舞的宫女，立即上朝理政。

从此以后，楚庄王以苏从为国相，实行朝纲改革，修明政治，发展生产，扩充军伍，决心同晋国一争雌雄。几年的功夫，楚国的实力强大起来，陆续向周围用兵，征服了南方的许多小部族和洛阳南边的戎族，接下来又打败了宋国，并在周朝王室附近阅兵示威，使得周天子也不得不派人去慰劳他。

后来，楚庄王终于把中原霸主晋国打了个屁滚尿流，连连向自己俯首称臣。这时人们都纷纷说过去默默无闻的楚庄王，几年功夫竟然做了各诸侯的霸主，真是"一鸣惊人"啊！

厚积薄发，就要先韬光养晦

楚庄王刚登基时由于大权旁落，自己羽翼未丰，便装痴作聋，沉溺于鼓乐酒色之中。但在暗中却细察臣子的贤愚忠奸，以图振兴朝纲，最终他也得以一鸣惊人，成为"春秋五霸"之一。

有时候人们总爱嘲笑或看不起一些人，可是他们却奇迹般地取得了伟大的成就。比如楚庄王，可能当初很多人认为他是个无道昏君，只有一些真心为国的人想激发他的斗志。而楚庄王在本质上并不是一个不想有作为的国君，只是他新上任时，不清楚国内形势，不认识哪些人是忠臣，哪些人是奸臣，所以他要花时间去辨认，通过臣下们做的一些事情，来看清这些人的为人。通过三年的观察，他知道了哪些人是可以任用的，哪些人是不能任用的，又有哪个人是真正为国为君着想的，可以任国相之职的。在这一切明了之后，他胸有成竹，接着便开始了富国强兵的大计。

要知道，人要想有所作为，并且也不想被竞争对手发现，就要能在暗处安静地充实自己实力，以待有机会施之于外。这就像久旱的土地上，在夜里下了一场无声的春雨，生机已于暗处勃发，而若自己处于明处，且常有不利于人的大动作，那么势必会引起对手的注意，促使其作出不利于自己的行动，这样自己的损失就大了。

这也是一种处世的哲学，暗中韬光养晦，锻炼和充实自己的实力或能力，已便日后有所作为。在现实生活中，不但是有大志的人，即便是天性愚钝的人，只要心怀理想，真诚地投入到事业中去，也能创造出奇迹。而事实上，成功也很少允许投机或取巧，并且投机取巧得到的成功往往也不会长久。

观史悟道

一些英雄人物的不作为不只为贪图享受，他们只是觉得时机还不到，还在积聚自己的力量。等到时机成熟，他们会爆发出惊人的力量。但要一鸣惊人，必须先做好韬光养晦。韬光养晦至少有两大好处：一来可以给他人造成假象，以为自己真的是一无所能，使他人在心理上放松对自己的警惕，二来自己可以在暗中观察他人的动向，寻求最有利的时机，一出手便成功。

苏秦知耻而进成六国宰相

战国时的苏秦是洛阳人,他曾在东方的齐国拜师学艺,后来又游历多年,走了好多地方,由于出身不好,人家都不肯用他。他先是去拜见周显王,说明自己学过一些治国的本领,可是周王身边的大臣都嫌他出身寒微,看不起他,没有得到任用;后来苏秦到了秦国谋求发展,秦惠文王不喜欢任用外来的客卿,苏秦只好又离开了秦国;苏秦在外漂泊多年,衣服已破烂不堪,走了好些地方,却没有一处肯留用他,只好回到家里。

但回到家后,苏秦的妻子不理他,嫂子视他为路人,父母也不想和他说话。这让苏秦很痛苦。但他没有因此而气馁,也不放弃追求,而是坚信天生我材必有用,于是决心苦读。他相信只要学识丰富了,有了治国的本领,秦国不用我,自有用我的地方。

抱着这种自信和决心,苏秦日夜苦读,一年多以后,他把姜太公的兵书读通了,又读了一些医、农、经济的书。还把古代法令、诏谕等典籍方面的书也读了,然后又对各诸侯国的山川、河流、物产等情况,做了细心的研究,并着意揣摩天下大势。

由于苦读书籍,苏秦的知识日渐丰富,有一天,他想出了"合纵之策"。他认为当时国与国之间矛盾交错复杂,但有一层脉络清晰可见,那就是西方的秦国正在日益壮大,其趋势必然是吞并六国。东方六国要想摆脱被吞并的厄运,只有携起手来,签约合纵以抗暴秦。于是他就出游燕、赵、韩、魏、齐、楚诸国,凭三寸不烂之舌向各国国君陈述。他从各国的山川险隘、兵员物产,说到秦国日益强盛,威胁各国统治,进而提出联合抗秦的具体措施，终于逐个说服了六国君主，使各国结成抗秦的统一战线。他本人也由此佩六国相印，一时名扬天下。

苏秦的成功，得益于他敢于向命运挑战，认准一个目标，以一种钉子般的强劲和韧劲，锲而不舍，坚持到底，不达目的决不罢休，终于从草根走向社会名流。

天生我材必有用，敢于挑战才成功

不敢挑战自我的人，就完不成自我超越，因此就不容易成功。我们成就事业就要有自信，有了自信才能产生勇气、力量和毅力。具备了这些，就敢于去挑战自我，挑战前进路上的困难，既定目标才可能达到。

自信能赋予人前进的勇气，但是自信绝非自负，更非痴妄，自信建在塌实和自强不息的基础之上才有意义。著名的"诗仙"李白在《将进酒》中留下了不朽的名句："天生我材必有用，千金散尽还复来。"其实，"天生我材必有用"说的意思就是人贵在有自信。人来到这个世界上，都有自己的位置，也就是这个"天生我材必有用"的意思。用到我们每一个人身上可以这样说，人的出身并不重要，出身再卑微的人也不要自卑，重要的是你自身要有才能，并且你还要深信，自己的才能总会派上用场。

有人说，一个人在这个世界上活着，绝不是毫无理由的，完全是因为这个世间需要你这样一个角色才派你来的；而你所要做的，就是找到最适合你的那个位置，并发挥作用。这是很有道理的。一个人的出身固然无法选择，但后天的命运却掌握在我们自己手里。关键看我们如何去认识自己的现实条件，并且是否能够选择一种正确的途径，达到自己的人生目标或理想中的境界。

观史悟道

对成功来说，人的天分是重要的，勤奋更是必不可少，但是自信也是不可缺少的，它往往能在关键的时刻指引我们走向成功的光明大道，所以我们也要能自尊做人，自信做事。

冯谖不收租，田文美名传

战国时的孟尝君田文是齐国人，为当时的"四君子"之首，很受世人的尊敬。

公元前301年，孟尝君出任齐国的宰相，齐国国君将一个叫薛邑的地方分封给他，孟尝君就靠着收封地的租税等来养家和门下的士人。但由于连年发生大灾荒，薛邑的百姓收成很少，每次派去收租的人往往收不回田债。这使孟尝君很伤脑筋。

后来，孟尝君发现门客中的冯谖能言善辩，就派他去收债。冯谖高兴地答应了。临走之前，冯谖问孟尝君收完田债后希望他买些什么东西回来，当时孟尝君不假思索地说，你看我家缺少什么就买些什么吧。

冯谖到了薛邑之地后，看到这里的百姓们的确穷苦，衣食尚且不保，那还有钱物还田债？他就把百姓们集中在一起，将债券一一核对完毕后，就假借孟尝君的名义把这些债券赐还给百姓，并当场把所有的债券统统给烧掉了。一下子，薛邑的百姓都欢呼雀跃，感恩戴德，连连称颂孟尝君是想着百姓的好官。

事后冯谖回来向主公复命，孟尝君见他这么快就回来，以为债款很容易地收完了，就问他买了什么东西回来呢。

冯谖说买了一个"义"字。孟尝君一听大觉新鲜，忙问这"义"如何买的？

冯谖说这义可不是好买的，只有在最需要帮助的人那儿才能买得到。就像薛地连年灾荒，百姓们衣食不饱，我以您的名义把那里的百姓应交的债款免除了,于是那里的百姓都连连称颂您是最仁义的宰相,这就我给您买回的"义"呀!

孟尝君听了还以为冯谖在开玩笑,但看到他的确是两手空空而来,心里便十分的不高兴,但也无可奈何,苦笑一下摇摇头走了。

孟尝君很能干,也很有威望,他在齐国的影响力比国君还大,将齐国治理得很好,天下诸侯也都很信服他,因此西部很想称霸的秦国国君认为孟尝君是个威胁,就想搞垮他和齐国国君的关系。一年之后,齐国国君果然中了秦国的离间之计,心里很是害怕孟尝君的声望对自己的王位带来威胁,他听信奸人谗言,于是找个借口将孟尝君罢免到偏僻的薛邑之地。

孟尝君无故被贬,在去往薛地的路上心情悒郁,以为自己会死在那里。可是,他万万也没想到:在距薛地还有百里之遥时,薛地的百姓们就扶老携幼、争先恐后地在道路两旁迎接他了。

孟尝君见此情景大吃一惊,忽然想起这正是冯谖给他买回的"义"之所致啊,心里大为感动,便对还随侍在身边的冯谖说:"真是感谢先生,您为我买的'义',我今天终于看到了啊!"

由于百姓称颂,不久之后孟尝君又再次获得齐王的信任重返朝廷。从此以后,孟尝君知道了"义"字的重要,于是他除了礼贤下士之外,还很重视对百姓们的宽厚仁慈。这样,孟尝君的贤名更得以广泛传播,被公认为当时的四君子(孟尝君、平原君、春申君、信陵君)之首。

会分享,得共赢

在我国传统的道德观念与文化意识中,人们往往把发财与仁义置于对立的位置,致使人们误认为谋求富贵,只有重利轻义,为富不仁。其实不然,冯谖仗义疏财,不就为孟尝君换来了爱护百姓的美名吗?

虽说人生在世,安身立命,少不了钱财什物。但人也不可只求逐利而为富不仁。如果你懂得与人分享,或者肯向需要的人施舍自己的多余的钱财,那么你或许能得到更多。

为什么要将既得利益与人分享呢?这其实也是在满足为自己服务或合

作的人的某些需要。如果你不肯与人分享你的成功果实,有好处就自己独吞,那么试问还有谁肯与你同甘共苦,为你死心塌地的做事情呢?

主营女性用品系列的婷美集团,现在的规模和业绩在美容美体和保健方面可谓是国内老大,其之所以能快速地发展,也在于老总周枫是个懂得与人分享的人。周枫早已是亿万富翁,当初坚定不移地跟随着他的员工现在也大都有百万和千万身家,他们都说自己是与老板一起分享了成功果实。不但是这些员工,现在婷美所有的员工都在分享着周枫和婷美的成功。如今在周枫的公司里,只要是时间较长的员工基本都有小汽车,这些小汽车都是公司作为奖励送给员工的。它在创业初期就规定,凡在公司工作满3年的员工,就送给小汽车一辆。后来周枫又买了28套"部长级"住房,每套150平方米,只要在公司工作满5年以上的员工,就可以得到这些住房。

周枫这样解释自己的成功:"我觉得我成功的因素里面有这样一条,就是我能够做到与人分享。"为什么这么认为呢?他解释说:"我现在研究很多案例,比如三株、太阳神等等企业是怎么成功的?怎么倒的?他们成功以后员工和主要干部都是什么样的福利待遇?(我发现)我们中国有个现象,就是一个新兴的行业一旦做火了以后,紧接着就会分权。好像只要做了一个给老板个人带来暴富机会的产品,之后这个企业很快就会销声匿迹,这是一个值得我们关注的现象。比如说一个口服液产品,做火了以后,紧接着就会出现很多很多同样的口服液,你想一想,做这些口服液的人都是从哪儿来的呢?都是从原来的公司里派生出来的。这里面有高薪挖角的原因,更多是老板自身的原因。老板挣钱了,副总们会想,老板挣大钱了,看看我自己的钱,还是没有涨多少。那好,我宁愿不拿你这几千块钱的月工资了,我也不出去给别人干,因为给别人干,我可能还是拿那点工资。我自己办一个公司,几个人单独拉出去也做这个,因为别的不会做,我就仿照你来做。一旦做成了,我也就成了百万富翁了。所以这样不断地派生,今天果茶大战,明天保暖内衣大战,还有各种的保健品大战,基本上都是这样,但是你看我做的生意,基本上后面没有跟进的人跟着搅和。婷美为什么能够一花独秀?原因在于我们有一支凝聚力特别强的队伍。"

如此精明的周枫，真是一个掌握了"分享就是共赢"法则的人，所以他做一样东西火一样东西，而且只要是他做过的东西，都做到了全国第一。

分享不仅仅限于一个组织中老板与对员工的利益分配，对创业者来说，对外部的分享有时候也同样重要。江民集团总裁王江民不管什么时候，对他的生意伙伴都是一句话：有钱大家赚，于是江民集团在业内越做越大，而且业内企业都很乐意与它合作，即便自己吃点亏也干。

再如正泰集团，它的成长历史，有人说就是老板南存辉不断股权分流的历史。在南存辉的发家史上，曾经进行过4次大规模的股权分流，从最初持股100%，到后来只持有正泰股权的28%，每一次当南存辉将自己的股权稀释，将自己的股权拿出来，分流到别人口袋里去的时候，都伴随着企业的高速成长。但是南存辉觉得自己并没有吃亏，因为蛋糕做大了，自己的相对收益虽然少了，但是绝对收益却大大地提高了。

其实做生意的人都会算账，只不过有些人算的是大账，有些人算的是小账。算大账的人懂得与人分享，所以能做大生意，做大生意人；算小账的人不肯与人分享，所以永远只能做小生意，做小生意人。

俗话说"得民心者得天下"，而得民心有三种方法：以德，以财，以力。其中以德爱民最为高明。智者通过施恩于民，以德行感化，使百姓衷心拥护。冯谖买"义"之举实际上就是替孟尝君收买人心，放弃眼前小利，换来了长远的利益，在百姓中树立了威望，为赢得日后的拥戴打下了基础。

现在的团队合作也一样，如对公司员工来说，如果这个企业事业发展了，他还拿他那几千块钱月薪的话，他是会有其他想法的。但如果他一年也可以收入丰厚的话，他就会考虑：自己现在出去做老板，冒那个风险，还不如在这儿做，就不会想着要自己单干了。

由此可见，一个人要懂得与他人分享，真心分享，公平分配利益。这种坦诚，其实是处世所需要的一种态度。要知道，在一个集体中，一个窝头大家掰着吃的那种共度难关的分享态度，会产生很强的团队凝聚力和执行力,而这种力量正是大家共赢的保障。

观史悟道

能与人分享利益不是愚蠢,它其实就是明智,就是大智若愚。所以,在利益面前看得大一点,远一点,舍得与他人分享,不但可以做到共赢,其实也是更好地发展自我的一种方法。

赵括"纸上谈兵"长平惨败

战国后期,秦赵两国经常交战。有一次,秦军与赵军在长平对阵,那时赵国大将赵奢已死,蔺相如也已病危,赵王派廉颇率兵攻打秦军,秦军势大,几次打败赵军,赵军坚守营垒不出战。秦军屡次挑战。廉颇置之不理,以待秦军兵疲再战。

秦军见廉颇并不应战,便使用离间计。秦军间谍说:"秦军所厌恶忌讳的,就是怕马服君赵奢的儿子赵括来做将军。"赵王听信秦军间谍散布的谣言,因此就以赵括为将军,取代了廉颇。

对于此事,蔺相如对赵王说:"大王只凭名声来任用赵括,就好像用胶把调弦的柱粘死再去弹瑟那样不知变通。赵括只会读他父亲留下的书,并不懂得军事上的灵活应变啊。"赵王不听,还是命赵括为将。

赵括从小就学习兵法,谈论军事滔滔不绝,以为天下没人能抵得过他。他曾与父亲赵奢谈论用兵之事,赵奢也难不倒他,可是并不说他好。赵括的母亲问赵奢这是什么缘故,赵奢说:"用兵打仗是关乎生死的事,然而他却把这事说得那么容易。如果赵国不用赵括为将也就罢了,要是一定让他为将,使赵军失败的一定就是他呀。"

赵括被任命为将之后,心里非常高兴,但他的母亲却不让他去,说他并不懂军事,赵括不听。等到赵括将要起程的时候,他母亲上书给赵王说:"大王不可以让赵括做将军。"赵王问为什么,赵母回答说:"当初我侍奉他父亲,那时他是将军,由他亲自捧着饮食侍候吃喝的人数以十计,被他当作朋友看待的数以百计,大王和王族们赏赐的东西全都分给军吏和僚属,接受命令的那天起,就不再过问家事。现在赵括一下子做了将军,就面向东接受朝见,军吏没有一个敢抬头看他的,大王赏赐的金帛,都带回家收藏起来,还天天访查便宜合适的田地房产,可买的就买下来。大王认为他哪里像他父亲?父子二人的心地不同,希望大王不要派他领兵。"

赵王说:"您说的这些都是小事,我觉得他可以的,您就把这事放下别管了,我已经决定了。"

赵括的母亲接着说:"您一定要派他领兵,如果他有不称职的情况,我能不受株连吗?"赵王笑着答应了。

赵括代替廉颇之后,把原有的规章制度全都改变了,把原来的军吏也撤换了。秦将白起听到了这些情况,便调遣奇兵,假装败逃,又去截断赵军运粮的道路,把赵军分割成两半围了起来,使得赵军士卒离心。过了40多天,赵军饥饿,赵括出动精兵亲自与秦军搏斗,秦军射死赵括。赵军战败,几十万大军于是投降秦军,白起让秦军把他们全部活埋了。这一仗,使得赵国前后损失共45万人。

第二年,秦军就包围了邯郸,围了一年多,赵国几乎不能保全,全靠楚国、魏国军队来援救才得以解除邯郸的包围。赵王也由于赵括的母亲有言在先,最终没有株连她。

赵括并不懂得军事,却说自己在军事上天下无敌,结果一上战场便被射死,更因战败而断送40余万将士性命和国家前途,终为千古笑柄,又让人为此事悲叹。后人称其为"纸上谈兵"。

不懂装懂自欺欺人，有一说一自知自胜

在我们的生活中，不懂装懂是无知的表现。如果不懂，一般还不敢随便去做事，出问题的可能性会小些；但是如果一个人没有完全弄懂，却又自认为懂了，那么放开手去做的时候，往往因差之毫厘而谬之千里，那个时候后悔都来不及了。

因此，我们做事情一定要弄明白之后再做，这样成功的把握才大，不要一知半解就去做事，因为不懂装懂，终究会上当吃亏，害人害己。只有当你拥有真才实学时，你才能真正地、永久地拥有智慧。

知之为知之，不知为不知，这是最简单朴实的人生道理。聪明之人难以抑制住自己内心的卖弄与炫耀，愚笨之人又难以克服自己的自卑与狭隘，这两种情况，都会直接地导致不懂装懂的情况出现。有这样一则笑话：

一个人问另一个人："您认为莎士比亚怎么样？"

那人回答说："还行，只是口感不如'人头马'。"

问的人又说："嗨！莎士比亚是一种甜点，您怎么当成酒了！"

唉！可怜莎翁一代文坛泰斗，却被两个不懂装懂的人作贱成吃的东西，真令人哭笑不得！笑话虽短，发人深思。

不懂装懂，自以为是，不但会闹笑话，还会使人栽在上面。有一只居住在图书馆里的老鼠和一只居住在粮仓里的老鼠相遇了。图书馆里的老鼠摆出一副学究的架子，傲气十足地对粮仓里的老鼠说："可怜的家伙，为了糊饱肚子，你们甘愿住在干燥、憋闷的谷仓里。那里除了稻谷之外什么也没有。可想而知，只有物质满足，缺乏精神享受的生活该有多么乏味啊！图书馆里是多么安静啊，古今中外，经史子集，我都能见到。"

"这么说，您一定是位知识渊博的学者。"粮仓里的老鼠虔诚地说道。

图书馆里的老鼠说："咳，这有何难。它们的一字一句我都要细细咀嚼，一页页装进肚子里。"

"这太好了，我正有一事需要像您这样知识渊博的老兄帮忙。"说完，

粮仓里的老鼠把图书馆里的老鼠带到一座粮仓里，指着墙角的一个瓶子说："您认得字，请看看这标签上写的是'香麻油'还是'灭鼠药'。"

图书馆里的老鼠根本不认识字。看见标签上三个黑糊糊的大字，是'香麻油'还是'灭鼠药'？就在它猜疑不定，进退两难之时，有一股香油昧从瓶口飘出，于是，它就凭直觉猜测断定："这是香油。"

"真的？您看清楚了吗？"粮仓老鼠问。

"没错！不信，我先喝给你看！"为了证明自己博学，同时也是为了一饱口福，图书馆里的老鼠搬倒瓶子就喝了起来。谁知只喝了几口，就浑身抽搐，不久，便四腿一蹬送了命！原来，那是一瓶掺了香油的"灭鼠药"。

可见，不懂装懂其实是自欺欺人，是在求知过程中对待缺点和不足的遮掩。人不可能对任何事情都很了解，必然有很多需要弥补的地方。不懂装懂就像给不足之处盖上了一块遮羞布，施了个障眼法，暂时挡住了别人的视线，使自己得以苟延残喘。岂不知到了真相大白的那一天，不懂装懂者终究要为自己的欺骗行为付出代价的。

所以，我们要有自知之明，凡事有一说一，唯有自知，才能在真实的基础做正确的事，从而把事情做好。

观史悟道

俗话说：不懂装懂，一世饭桶。而且不懂装懂时，遇到懂的人，就会让人看不起，所以不懂装懂者无一不是搬起石头砸自己的脚，到头来真正的受害者不是别人，而是自己。闻道有先后，术业有专攻，越是能认识到自己无知的人，就越是能够避免闹笑话，也越是有益于自己的事业发展。

楚霸王破釜沉舟破秦军

西楚霸王项羽青少年时代就志向远大，一心要做大事。他的叔叔项梁教他本领，他却"学书不成，学剑又不成"，项梁非常生气。项羽却说："学书能记名姓就可以了，学剑的话，也只不过能和一人决斗，没什么大用，我想学能敌万人的东西。"项梁听了大喜，便教他兵法，项羽学了一段，略知大概。

所谓时势造英雄，秦二世元年（前209年），陈胜、吴广起兵反秦，列国之后人也纷纷起事，早已忍耐多时的项氏叔侄杀郡守殷通响应，开始了反秦和逐鹿天下的军事生涯。

二世二年冬天，陈胜派遣部将周章率几十万军队进攻秦廷。二世胡亥大惊，负责修筑骊山陵的章邯说："盗贼已经来到这里，兵众势强，现在调发近处县城的军队为时已晚。骊山刑徒很多，希望赦免他们，发给兵器，让他们出击盗贼以建功。"于是二世大赦天下，派章邯为将领，受命率骊山刑徒及奴隶七十万人迎击起义军，一战便打垮了周章军，周章率残部逃至曹阳，章邯又追至击破，周章再次败走渑池，章邯又追至大破之，致使周章自刭。接着章邯又攻荥阳（今河南省荥阳东北），李归等守将战死，接下来章邯又连续破邓说、败伍徐，迫陈胜遁走至城父。陈胜命张贺出城西迎战章邯，自己亲自在城楼监战。城西一战，张贺战死。自此陈胜不敢再战，闭关死守。在章邯围城的强大攻势下，腊月，陈胜被自己的贴身属下庄贾杀死，众人开城降秦。

平定陈胜后，章邯率兵继续向东，攻打魏咎的魏国，在临济城大败魏军和来援的齐军，迫使魏咎自焚。章邯又攻杀反秦武装首领齐王田儋，接着又在栗县（今河南夏邑县）战败项梁的别将朱鸡石、余樊君等，并追击田儋的堂弟田荣至东阿。此时的章邯自率兵以来未曾一败，他率领秦朝的刑徒和奴隶大军，以过人的军事才能重重地打击了起义军的力量，俨然已成为秦王朝的守护神。

后来章邯又率秦军夜袭定陶之楚军，致使项梁战败身死。至此楚地有名的将领都已经死了，章邯以为楚地的敌人不用担心了，就渡过黄河，向北攻打赵地，又大破赵军，将其围困在巨鹿城。秦将王离也来帮助章邯围困赵军。

此时，因无大将可用，年轻的项羽已被楚怀王封为楚国上将军，带领三万楚国士卒前往援救巨鹿。项羽以必死的决心，必胜的意志，率领全军渡过漳河，之后凿沉船只，砸破炊具，烧毁营舍，只携带三天口粮，以激励士卒拼死决战，做好了不战胜敌人就不活着回来的打算。

在项羽坚强意志的激励下，楚军一到就迅速围困了王离的军队，截断了秦军的甬道。在与秦军遭遇时项羽也是身先士卒，率领楚军拼死力战，双方打了九仗，楚军九战九胜，杀了秦将苏角，俘虏了王离，并大破章邯率领的秦军。

章邯率秦军残部退至棘原驻扎，项羽驻扎在漳河南岸，双方之后又交战一次，项羽率领军士在河水上攻击秦军，又把秦军打得大败。之后章邯迫于项羽的军威和秦朝廷的政治压力而投降项羽，秦朝的军力遂灭，而各地诸侯军也都归附项羽，使其军力增加到四十万。

巨鹿之战是中国历史上著名的一次以少胜多的战役，也是秦末农民战争所取得的一场关键性的巨大胜利。此战基本上摧毁了秦军的主力，扭转了整个战局，也奠定了反秦斗争胜利的基础。而项羽以三万兵士破数十万秦朝大军，如此悬殊的战果，以及项羽在此战中表现出来的超人勇气，杰出的军事才能，都令后人对其充满了好奇与景仰。

后来项羽率军进入咸阳，杀秦三世子婴，火烧阿房宫，分封天下诸侯，自立为西楚霸王，实现了他将秦始皇"取而代之"的志向。

意志坚强，敢于拼搏，走向胜利

项羽用他的实际行动告诉我们：远大的志向，过人的勇气和坚定的意志都是达到成功不可或缺的要素。当人们善于运用这一力量时，就会产生决心。而人有决心就说明意志力在起作用，而意志力是可以激发出人潜在的巨大力量的。

意志力是心理学中的一个概念。美国哲学家罗伊斯说："意志力通常是指我们全部的精神生活，而正是这种精神生活在引导着我们行为的方方面面。"意志力可被视为一种能量，而且根据能量的大小，还可判断出一个人的意志力是薄弱的，还是强大的；是发展良好的，还是存在障碍的。当一个人能够在某一事件或一连串事件中表现出极大的决心与力量时，就会被认为拥有很强的意志力；而他的意志力的特性，也需要通过他的决心或行动的力度和持久性来体现出来。这样，在这一过程中所展现出来的意志力就变为了动态的能力。他的决心也成了引导他走向成功的催化剂。

一个人要获得成功，强大的意志力也是不可缺少的要素。早在两千四百多年前孟子就说过："天将降大任于斯人也，必先苦其心志，劳其筋骨，饿其体肤，行拂乱其所为，所以动心忍性，曾益其所不能。"这段话生动地说明了意志力的重要性。要想实现自己的理想，达到自己的目的，需要具有火热的感情、坚强的意志、勇敢顽强的精神，克服前进道路上的一切困难。这样就没有什么事情是不可能做成的。

观史悟道

强大的意志、决心、志向可使一个人自觉地确定目的，并根据目的来支配、调节自己的行动，克服各种困难，从而实现想要的目标。所以坚决的意志是人格中的重要组成因素，对人的一生有着重大影响。

韩信受激励自强成名将

韩信是西汉初著名的军事家,他小的时候,由于家里贫穷,一直过着饥寒交迫的日子。由于家里没有吃的,韩信曾多次投靠南昌亭亭长,在人家家里白吃白喝。有一次,他一连吃了好几个月,这位亭长的妻子十分嫌弃他。有一天吃早饭时,亭长的妻子把饭做好后自己一家人提前吃了。到开饭时,韩信一看没有为他准备,心里很生气,但他也懂得人家意思,就知趣地离开了。

韩信没吃没喝,只好到城外的河里去钓鱼,回家好做了吃。但他经常钓不着,于是就常饿着肚子坐在那里钓。有几位漂洗丝绵物品的老太太常在离他不远处洗衣服,其中的一位很有善心的老太太看见韩信饿了,便把自己带的饭分给他吃,一连好多天都是如此。

对此,韩信非常感激,他对这位老太太说:"我将来一定会重重地报答您。"谁知这老太太听了,竟生气地说:"男子汉不能养活自己是很丢人的,我是可怜你才给你饭吃的,难道是希望回报的吗?"一句话说得韩信哑口无言。

从此,韩信下定决心非要混出人样来不可。他便在养活自己之余开始努力学习兵法,学成之后就先去投靠项羽,得不到重用后便又投靠刘邦。在刘邦那里做了一段管粮食的官后,因萧何的推荐,韩信被刘邦拜为大将军,指挥汉军征战天下,他历经百战,功绩显赫,助刘邦建立了大汉王朝,终于功成名就。

生存发展，必须自励自强

故事中的韩信，在老大娘的激励下终于明白人活在世上不能靠别人施舍去生活，应该自立自强。这样的事迹千百年来激励着人们勇敢地开拓进步。俗话说"人穷志不短，"意思是不论你贫穷到什么程度，你都不可以丧失志气。贫穷不可怕，只要志气在，一切都会有的。

日本著名的丰田汽车公司的缔造者石田退三的故事也很有意思。石田退三幼年时家庭环境很差，很小时他就到京都的一家洋家具店当店员。在家具店工作了8年之后，由朋友的母亲介绍到彦根去做赘婿。但在入赘之后才知道太太家没有一点财产。

生活逼人，他就把新婚太太留在彦根，一个人到东京去谋生，给一家小店做用推车搞推销货品的小贩。干了一年多，终因过度劳累支持不了，离开这家店回到妻子家中。然而，家里等着他的并不是温暖和安慰，而是鄙视的目光和令人难堪的日子。

"没有用的家伙！"他的岳母丝毫不留情说，"我还没有看到像你这样没有用的人。"等等讥讽的嘲笑。气得他几乎要晕倒。

几个月后，他竟被生活逼得想自杀。当他心情黯淡，前去"琵琶湖"自杀时，忽然间恍然大悟：像我如此没有用的人应该非死不可吗？如果我真有跳进琵琶湖的勇气，为什么不拿这勇气来面对现实，去奋力拼搏呢？我该尽最大的努力做出轰轰烈烈的事业给鄙视我的人看！他猛然抬起头，一股强大的力量在心中激荡。

从此，他不再满脸愁容了，不再黯然自叹。在别人介绍下他去一家服装商店当店员，在这儿，他重新鼓起奋斗的勇气，把忧愁化为力量。40岁时，他到丰田纺织公司服务。由于他刻苦奋斗、全力以赴地投入，处事得当和一丝不苟的精神，为丰田公司创造了不菲的业绩，创业者丰田位大为赏识。在他50多岁时，丰田位就把公司经营的大权交给了他。

对此，石田退三感慨地说："人生就是战场，要在这战场上打胜仗的唯一法宝便是斗志和努力。"石田退三靠着这些，不但实现了人生的价值，还找到了做人的骨气!

　　志气是人立于天地之间的底气,人穷志不能穷,活在世上就要学会自立自强,而不是图安逸享受,更不能靠别人的怜悯去生活!

观史悟道

　　志气是有理想、有信心的表现,是人生命当中最基本的素养,是人立于天地之间的底气。有志气的人,往往奋斗目标明确,意志坚定,不怕各种困难。越是在困难落后的条件下,越是能奋发向上。

光武帝能屈能伸建东汉王朝

　　东汉开国皇帝光武帝刘秀从小便为人"谨厚"、勤快,处事也谨慎小心。虽然他出身皇族、沦落社会,但通过不断学习与实践,他各方面的才能都得到了飞速成长。年轻时他在长安求学,便投身于社会活动之中,明察政治和社会动向,也锻炼了自己的活动能力。

　　刘秀十来岁时,正逢王莽篡汉之时,天下大乱,在当时复杂的政治形势下,作为刘氏宗室,稍有闪失,就会招来大祸。刘秀也曾遭受牢狱之灾,史载"世祖微时,系南鸣市",差点饿死,"狱市吏以一笥饭与之"。这些经历,使刘秀锻炼出了含而不露、大智若愚、处事谨慎而果断的性格。

　　绿林、赤眉起义爆发后,刘秀和哥哥刘縯兄弟二人也跟着起兵。在那个时代中,这哥俩绝对是时空中闪烁得最亮的两颗明星,他们主导指挥了当时的数场关键战役,无不取得了辉煌的胜利。特别是经过刘秀主导指挥的昆阳之战等战役的打击,王莽政权的抵抗力量基本被消灭,但农民起义军内部争权的矛盾也随着显露无遗。当时大家共推刘玄为帝,这刘玄嫉贤妒能,他担忧刘縯、刘秀兄弟影响他在更始政权中的地位,以"莫须有"的罪名将刘縯与其部下一同杀死。

刘縯的死,对刘秀来说无疑是一个沉重的打击,他们是从小一块长大的亲兄弟,又是共赴国难的战友,他们之间情谊之深,关系之紧密是超乎常人想像的,哥哥长期以来对他的爱护和照顾,刘秀又如何能忘记?如今他的哥哥无端被人杀害,他如何不恼怒?如何不愤恨?如何不想立即报仇雪恨?但刘秀不是个没脑子的人,他冷静思考了一下,知道刘玄等人的势力此时正如日中天,若此时为哥哥报仇而与刘玄等人为敌,无疑是以卵击石,自取灭亡,况且这样做还会导致绿林军内部的分裂瓦解,这跟兴复汉室,救国救民的大业也是背道而驰的,不如先忍耐一下,以后再寻机为哥哥报仇雪恨。

经过这样的考虑,刘秀以常人难有的克制和忍耐,没有率兵为哥哥报仇,而是表现出遇大事而沉着冷静的胸怀与气度。面对来自各方面的巨大压力,他忍下悲痛和愤怒,立即从前线返回宛城,向更始帝谢罪,不谈主导昆阳大胜之功,不为刘縯服丧,不与刘縯旧属往来,饮食谈笑一如既往。但史书记载他"独居辄不御酒肉,枕席有涕泣处"。

刘秀的表现渐渐化解了刘玄等人对他的猜疑和欲杀之而后快的心理。但他深知,尽管一时消除了刘玄等人的猜忌与疑虑,却无法从根本上解决问题。为了避开种种矛盾,寻求更大的发展,刘秀一方面隐忍韬晦,另一方面也在暗中扩大势力和影响,并利用各种机会为摆脱更始政权进而统一天下做准备。

后来刘秀创造了一个离开更始政权的机会,被刘玄安排去经略河北,在这里他建立了自己的根据地,并渐渐发展壮大,而刘玄的政权却因为不得人心,后来被赤眉打败,自取灭亡。而刘秀却壮大成为天下最大的军事力量,自己也被手下人推举为皇帝,遂成为东汉王朝的创建者,被誉为

"中兴之王"、"千古一帝"。

小不忍则乱大谋，小不让则损大局

如果没有忍小愤成大业的宏志，只逞匹夫之勇的话，恐怕刘秀早已命丧九泉了，杀兄之恨被压在刘秀心底，一刻也不会消失，但是他知道小不忍则乱大谋，他还有更大的事业要完成，这可能也是常人不及他的一处吧！

忍是什么？忍是暂时的隐忍，是以柔克刚，是一种巨大的包容力。忍小愤成大业、忍辱负重应变术的实行，首先要有担天下重任的大志，有成就大业的雄心，这也是一种远虑。这如同弯弓是为了更有力地射箭，退却是为了更勇猛地进攻一样，柔软的关键在于韬光养晦、蓄势待发。这是一种至高至善的人生艺术！

刘秀生逢乱世，虽然乱世出英雄，但真正成就大业能有几人？经过大浪淘沙般的选择，大多数人都失败了，成功的往往只有一个人，当然他是一个胜利群体的代表。刘秀虽是皇族，但他同一直生活在深宫中的皇族子弟，在质的方面存在巨大差别。他胸怀大志，在复杂的社会环境中又深沉含蓄，不露锋芒，所以他取得了超人的成功。

大谋略，大度量，大胆识，在大转折时代的英雄人物身上，是必须具备的品格，否则就成就不了大事业。在巨大的转变过程中，统治者、被统治者和试图跻身新统治者地位的社会各阶层，抱着不同的目的，在历史风云和社会浪涛中，争先恐后，翻江倒海，一展身手，都想按自己的意志和方案，企图把无序的社会扭向有序，同时确立自己的统治地位。

然而何者为成就大事业的根本？从历史上看，忍术是一个不可忽视的元素，谋略、度量和胆识的发挥，需要建立在能忍的基础之上，能忍者才是大英雄，纯粹的匹夫之勇难成大事，苏轼在他脍炙人口的《留侯论》中，给天下大勇者所作的一番注释："古今豪杰之士，必有过人之节，有人情所不能忍者，匹夫见辱，拔剑而起，挺身而斗，此不足为勇也。天下有大勇者，猝然临之而不惊，无故加之而不怒，此其意念甚深，挟持甚远也。"这话是很有道理的。

　　胸无大志,目光短浅,斤斤计较,是不可能在受到屈辱时做到隐忍的。张良隐忍拾履,是心怀图谋复韩的志向;韩信不与无赖较真,是不愿将生命消费在无味的争端上。大智若愚,大能若怯,气度非凡,方能成大器。同时,忍辱负重也并不意味着丧失气节,而是一种将事情做得更好更圆满的学问。

　　能忍才能容,"海纳百川,有容乃大",这"容"的精髓,能容忍那些在世人眼里的难容之人或难忍之事,才能成别人难成之功,光武帝刘秀就很懂得这个道理,他的忍术助成了他的光复汉室的事业。所以我们在待人处世方面也要能忍和能容。

观史悟道

　　如何在打击面前做人处世?这看起来是个策略问题,方法问题,其实也是人的素质问题,能不能容忍他人,而这显然不是一朝一夕所能养成的,我们要时刻有颗包容他人之心,眼光放长远一些,以冷静的思维对待人和事情,这样我们才能成为胜者。

冯异先输后赢败赤眉

　　刘秀是东汉王朝的建立者,称汉光武皇帝,他是个很有作为的皇帝。公元25年秋天,他建立东汉政权。此时天下仍然战火纷飞,民无安居。刘秀便想收服当时势力最大的赤眉起义军。

公元 26 年春天，长安断粮，樊崇领导的几十万赤眉军不得不向西转攻城邑去抢粮草，但遭到占据天水郡的隗嚣的阻击，只得又回到长安来。这时，长安已被刘秀部将邓禹占据。

经过激战，赤眉军打败了邓禹，9 月又重新占领长安。这年冬天，赤眉军的粮食供应仍然极端困难，不得已于 12 月引兵东进，准备去抢已经安定下来的刘秀统治下的地方的粮食。刘秀听说邓禹战败后，一面派大将冯异率军西进，在华阴（现在陕西华阴东南）阻击赤眉军；一面在新安（现在河南渑池东）、宜阳（现在河南宜阳西）屯驻重兵，截断赤眉军东归的道路。

冯异是刘秀的爱将，为人谦虚、沉稳而有谋略，他率领西路军，在华阴、湖县一线同赤眉军相持了 60 多天。而多次被赤眉军打败的邓禹，这时也率部到达湖县，同冯异的部队会合。邓禹妄想取胜，派部将邓弘抢先进攻赤眉军，又被赤眉军打得落花流水。邓禹、冯异亲率主力救援，在回溪（现在河南宜阳西北）又被赤眉军打得大败。邓禹只带着 24 骑逃回宜阳；冯异抛弃了战马，只带着几个人爬上回溪的山坡，才逃回了营寨，可谓输得狼狈不堪。

之后冯异认真总结了敌人的特点，并总结了失败的教训。公元 27 年正月，冯异在崤底（现在河南洛宁西北）一战打败了赤眉军，重创其主力部队。剩下的赤眉军折向东南，不料在宜阳又陷入光武帝刘秀重兵的包围之中。赤眉军经过艰苦的战斗，始终不能突破刘秀大军铁桶似的围困。刘秀不想再让双方多伤人力，早早便催促赤眉军投降，后来樊崇等人在逃跑无望的情况下，便投降了刘秀。至此，天下重要的军事力量都被刘秀降服。

战斗结束后，刘秀下了一道诏书，名叫《劳冯异诏》。其中有这样几句，"始虽垂翅回溪，终能奋翼渑池。可谓失之东隅，收之桑榆。"意思就是"开始在回溪遭受挫折，最后在渑池一带获胜。这就是所谓在日出的东方吃了败仗，在日落的西边却得到了胜利啊。"

失败是成功之母，挫折是前进铺垫

"失之东隅，收之桑榆"常被人用作成语，其意思是"在这里失去了的，如果能认真总结经验，吸取教训，等到时机成熟，也是可以在别的地方找回来的。"

2003年，中国羽毛球在苏迪曼杯赛中1：3不敌韩国队，将连续保持了四届的奖杯拱手让人，可谓是一个极大的挫折。

失败固然令人心酸，但最重要的是能从失败中吸取教训和总结经验。中国队总教练李永波认为，中国队是带着卫冕和锻炼新人的双重目的参加苏杯赛的，中国队员不仅年轻富有上升潜力，而且还表现出很好的精神状态。而良好的精神状态正是一支球队走出逆境的必备条件。他认真研究了提高队员水平的方法，并着重提升他们的大赛经验，针对每个队员加强弱项和特长练习。

之后，中国队在晋江完成了建队以来少有的百日集训。趁此机会，许多队员尤其是年轻队员可以有足够的时间思考，改进打法，弥补缺陷。此后，中国队先后参加了新加坡、印尼、马来西亚、丹麦、德国、中国香港以及中国羽毛球公开赛。除了在德国公开赛上仅有张宁一人夺得女单冠军，中国队在其他公开赛中可谓赢得"盆满钵满"，每次公开赛都有三枚金牌入账，在中国公开赛上更是收获了4块金牌。正是通过苏杯中的失败激励和之后一段时间的系统训练，中国队才得后来以在世锦赛上大放光彩。

所以，在一些困难的事情面前，如果我们能勇往直前，那么困难将不成为困难，所以困难惧勇；在经受了挫折的打击后，如果我们能重新奋起，愈战愈强，那么挫折也不过是我们前进路上的一个阶梯，我们将能因之而登得更高。

观史悟道

失去的东西，没必要为之一直忧伤，要想办法从另外的地方要回来，这样因失而得，收之桑隅，也是很好的事情。人一生中会失去很美好的东西，但也会收获很多美好的东西，这就是生活，生活是美好的，只要我们懂得事在人为。

曾国藩圆融通达成重臣

晚清名臣曾国藩可说是一面"人镜",他可以识人、识事、尤其可以恰到好处地修行自己,坦然应对不利的局面,化不利为有利。所以他能成为连毛泽东和蒋介石都敬佩的人。

年轻时的曾国藩是一个很有才华的人,他的才华让他自负,这样他在做事时就锋芒太露,所以他处处遭人嫉妒,受人暗算,因谤议太多,后来就连咸丰皇帝也不信任他了。

太平天国起义爆发后,曾国藩成为湘军首领,他是在为其母亲病逝后居家守丧期间响应咸丰帝的号召组建湘军的。不能为母亲守三年的丧,在儒家思想看来是算不孝的。但由于当时形势紧迫,他听从了好友郭嵩焘的劝说而"移孝作忠",出山为清王朝效力,组建了湘军,对抗太平天国的军队。

在1857年2月,曾国藩的父亲病逝时,朝廷给他三个月的假,令他假满回江西带兵作战。这时候曾国藩伸手要权被拒绝,随即上疏试探咸丰帝,说自己回到家乡后,日夜惶恐不安。曾国藩在给咸丰皇帝的上书中是这样说的:"自问本非有为之才,所处又非得为之地。欲守制,则无以报九重之鸿恩;欲夺情,则无以谢万节之清议。"意思就是想让咸丰给他一个位置,让他得到一些权力,咸丰皇帝十分明了曾国藩的意图,他见江西军务已有好转,而曾国藩此时只算是一只"乞狗",效命可以,授予实权万万不可。

咸丰皇帝想到这里,就想打压一下曾国藩,他批示说:"江西军务渐有起色，即楚南亦就肃清，汝可暂守礼庐，仍应候旨。"假戏真做，曾国藩真是哭笑不得。同时，曾国藩又要承受来自各方面的舆论压力。此次曾国藩离军奔丧，已属不忠，此后又以复出作为要求实权的砝码，这与他平日所标榜的理学家面孔大相径庭。因此，招来了种种指责与非议，再次成为舆论的中心。朋友的规劝、指责，曾国藩还可以接受，如吴敏树致书曾国藩的时候就暗指他应该在家里为父亲好好守孝，完了再出山，并且还说他上给朝廷的奏折有时不写自己的官衔，这是存心"要权"。在内外交困的情况下，曾国藩忧心忡忡，夜里甚至睡不着。朋友欧阳兆熊深知其病根所在，一方面为他荐医生诊治失眠，另一方面又借用黄、老来讽劝曾国藩，暗喻他过去所采取的铁血政策未免有失偏颇。

朋友的规劝，不能不使曾国藩陷入深深的反思。自率湘军东征以来，曾国藩有胜有败，四处碰壁，究其原因，固然是由于没有得到清政府的充分信任而未授予地方实权所致。这个时候，曾国藩已经悟到了自己在修养方面有很多弱点，在为人处事方面固执己见，自命不凡，一味蛮干。

后来，曾国藩在写给弟弟的信中，谈到了由于改变了处世的方法而带来的收获，"兄自问近年得力唯有一'悔'字诀。兄昔年自负本领甚大，可屈可伸，可行可藏，又每见得人家不是。自从丁巳、戊午大悔大悟之后，乃知自己全无本领，凡事都见得人家有几分是处，故自戊午至今九载，与四十岁以前迥不相同，大约以能立能达为体，以不怨不尤为用。立者，发奋自强，站得住也；达者，办事圆融，行得通也。"

以前，曾国藩对官场的逢迎、谄媚及腐败十分厌恶，不愿为伍，为此所到之处，常与人发生矛盾，从而受到排挤，经常成为舆论讽喻的中心，"国藩从官有年，饱历京洛风尘，达官贵人，优容养望，与在下者渐疏和同之气，盖已稔知之。而惯尝积不能平，乃变而为慷慨激烈，轩爽肮脏之一途，思欲稍易三四十年不白不黑、不痛不痒、牢不可破之习，而矫枉过正，或不免流于意气之偏，以是屡蹈愆尤，丛讥取戾。"这是别人对他的评价，这说明经过多年的实践，曾国藩深深地意识到，仅凭他一人的力量，是无法扭转官场这种状况的，如若继续为官，那么唯一的途径，就是去学习、去适应。

曾国藩自己也曾经说过："吾往年在官，与官场中落落不合，几至到处荆榛。此次改弦易辙，稍觉相安。"这就说明在多年的官场磨砺里，曾国藩在宦海沉浮中，不再那么锋芒毕露了，而是懂得了变通的重要性。

不过，要想认识到这一点，是需要经历痛苦的自省的过程的，每当曾国藩自悟昨日的是与非时，常常被追忆昔日"愧悔"的情绪氛围所笼罩。因此，在家守制的日子里，曾国藩脾气很坏，常常因为小事迁怒诸弟，一年之中和曾国荃、曾国华、曾国葆都有过口角。在三河镇战役中，曾国华遭遇不幸，这使曾国藩陷入深深的自责之中。在其后的家信中，屡次检讨自己在家期间的所作所为。他在1858年12月16日的家信中写到："去年在家，因小事而生嫌衅，实吾度量不宏，辞气不平，有以致之，实有愧于为长兄之道。千愧万悔，夫复何言！……去年我兄弟意见不和，今遭温弟之大变。和气致祥，乖气致戾，果有明征。"1859年1月6日，又提到，"吾去年在家，以小事急竟，所言皆锱铢细故。迨今思之，不值一笑。负我温弟，既愧对我祖我父，悔恨何极！当竭力作文数首，以赎余愆，求沅弟写石刻碑。亦足少抒我心中抑郁悔恨之怀。"

在经历了一段时期的自省自悟以后，曾国藩在自我修身方面有了很大的改变。及至复出，为人处事不再锋芒毕露，日益变得圆融、通达。结果得到人人拥护，更被朝廷视为国家支柱。

争强好胜惹祸端，示人以弱事易成

对人要谦和，要中庸，不要对人有攻击性，而需要包容，需要宽厚仁慈，我们从曾国藩的为人处世中应该吸取做人的这些道理。

而在现实中，人们往往都不愿意示弱，个个都想好强，谁也不想让别人"小看"，去争那口气，去发生无谓的争吵和打斗，制造了不良的影响和严重后果，然后又后悔。这样的事情屡屡发生，就是人们不懂得示弱的好处。

示弱之策略非常有利于我们的事业和生活。一个人想干成事业，一要靠自己帮忙，二要靠别人帮忙。所谓要靠自己帮忙，那就是我们得拥有成就事业的才华、学识、气魄、毅力；所谓要靠别人帮忙，就是必须具备良好的人际关系，尽可能减少行进过程中的"摩擦系数"。我们有意识地在生活中示弱，别人不仅不会认为你的成功会妨碍自己的幸福，反而会把它看作增进自己生命快乐的一环。你向前方"进攻"时，就少了后院失火之忧。

现实中，因为争强好胜，争所谓的一口气，酿下不可收拾的大祸的例子很多，这些后果给当事人造成伤害，有的伤害覆水难收，永远都无法弥补，有时候夫妻之间非要较真，大吵大闹从而让一方永远地离开了家，那些朋友之间的友谊因为一点气头上的输赢之争失去了友谊。因为示强而失去了亲情，失去了朋友，失去了爱情，还有的失去了工作，试问，面子一定那么重要吗？

示弱，并不是说你人格就弱了，表面能示弱，包含了一个人的人品、道德、心胸和修养。示强或者示弱，可以衡量出一个人的文化素质和为人处事方法，理智还是糊涂，清醒还是自私，以及解决问题的能力大小。

示弱，并不是真的弱不禁风，哭哭啼啼没有主意，而是在遇到争执和误会的时候让人三分，就算当时受了误解也不用争强去闹个水落石出，其实事实就是事实，总会清楚，不过是需要时间而已。在客观环境于己不利时，要有挺的精神，挺不住，就只能做老二，难做老大；挺得住，就会由老二的位置，升到老大的位置。

所以，我们要想在这个纷繁复杂的社会里站稳脚跟，就必须有低调的态度。对于那些勉强可以得到的名和利，要有一种谦让的精神，将其推让与其他人，这既会增加同事间彼此的友好关系，又是自知之明的一种表现；再次，即使是自己应得的名和利，也要善于将其化为前进的动力，绝不能使之成为人生的负累、前进的阻力，也不能把名利当作炫耀的资本。我们知道，满桶水不响，半桶水晃荡，绝不能作"半桶之水"！须知天外有天、人外有人。

观史悟道

我们都知道这样一个现象：在拳击时，先把拳头缩回来再伸出去，拳头才有力度，缩的幅度越大，出击的力量也越强。一个人的示弱，其实就是缩回拳头的过程，它的目的是为了在关键时刻把生命的那只拳头伸得虎虎生威。在与人交际时，主动示弱其实没什么不好，主动示弱其实可以让人赢得同情的人气，但是有些人爱逞能，处世待人时都锋芒毕露，所以吃亏也是必然的。

胡雪岩乐于助人成巨商

清末的胡雪岩小时家中贫穷，他父亲无力送他去私塾读书，他便在家自学，慢慢地粗通文墨。后经亲戚推荐，他到杭州的一家钱庄当学徒。三年满师后，被升为钱庄跑街。所谓跑街，即为钱庄招揽生意和讨要债款。

当时的杭州，有很多候补、捐班的官吏。他们花钱捐了官，就等着有空缺时外放做知县、知府一类的实职官员。由于花了很多钱捐官，在候补期间，他们中许多人两手空空，只能向钱庄借贷度日；即使补了缺，上任时打点也需要钱，还得向钱庄借。胡雪岩充当钱庄跑街，主要就是招揽这批人的生意以及督催他们到期还钱。这是一个不好干的苦差事，想做得圆满，还需处处小心，笑脸相陪，软的不行时还得来点硬的，软硬兼施。

虽然工作不好干，但胡雪岩以他坚强的毅力挺了下来，并逐渐锻炼得机敏、泼辣，善于投机，留给他人的印象则是慷慨好义，能济人急难，所以赢得了人们的信任。这一切都为他后来的发迹打下了基础。

关于胡雪岩的发迹致富，有种种传说，比较流行的是说他曾借钱助人，受助者后来为报恩又支持他开钱庄，以至发迹。至于他所助之人，一说为王有龄，一说为湘军的一个营官。王有龄后来曾任浙江巡抚，他年轻时因父亲去世，曾贫困潦倒，流落杭州。一天他遇到正跑街的胡雪岩，胡见他气度不凡,便询问他为何这般落魄。

王有龄将自己的处境对胡雪岩讲了,胡雪岩表示愿助一臂之力,可送他进京谋官,遂将刚为钱庄收上来的一笔500两银子借给他,他不愿接受,怕胡雪岩回去后会受老板责罚。胡雪岩表示没关系,有什么风险自己一人承当。王有龄千恩万谢地拿了钱北上,终于找到有权有势的故交,当上了浙江粮台总办。王有龄得官职后便去找胡雪岩,将以前所借的银子加上利息奉还,一再致谢,又让他辞了跑街工作,支持他自办钱庄。几年后,王有龄升任浙江巡抚,又保荐胡雪岩接任粮台,使胡雪岩成了掌管浙江粮食的最高官员。胡雪岩本有经商才能,自己开办的阜康钱庄已经营得很红火,加之掌管粮食,其事业就更兴旺了,相继开设了不少店铺,并与外商做生意,手头周转之钱常以千万两计,终成为富甲杭州的大商人。

还有一种说法是说湘军的一个军官到胡雪岩所在的钱庄借贷银2000两。当时老板不在,胡雪岩自作主张借给了他。老板回来后知此事大怒,将其赶出店门。不久军官来还钱,在路上遇到已失业的胡雪岩,见他很穷困,问明原因,知是为自己借钱事所至,深觉过意不去,便请他去军营,供以鲜衣美食,并把自己暴得的10万两白银交给他去开钱庄,后又辗转把他引荐给浙江巡抚王有龄。由于王有龄的扶持,胡雪岩从而渐渐致富。

不管哪种说法,都能看出胡雪岩发家与王有龄有关。正是受知于王有龄,他才有了官府做经商的靠山,故能事事顺遂。自然,王有龄对胡雪岩倾心栽培,也在于他自有让人信赖的品质和能力,而且是一般商人所难以企及的。

胡雪岩很知道利用外界的力量来助推自己的事业,后来他与洋务派官僚左宗棠相交,得以为官。由于屡建功勋,他被皇帝赏给头品顶戴,穿黄马褂。但他并未放弃经商,始终保持亦官亦商的身份,人称"红顶商人"。

乐于助人,合作才能做大事

俗话说:"孤掌难鸣","独木不成林"。一个涉入社会生活的人,必须寻求他人的帮助,借他人之力,方便自己。一个没有多少能耐的人必须这样,一个有能耐的人也必须这样。

现实中有的客观因素对于自己是一种现实的威胁,是一种不利因素。但是若能施巧借力,这种威胁之力正可以成为我扬帆之风,使不利变成了有利,他力变成了己力,何乐而不为。所以,善于利用一切有利条件,精于借助他人的力量,实现自己目的者,才算是真正的聪明人。

19世纪末20世纪初时,瑞典有一位叫做萨洛蒙·安德烈的著名探险家,为了得到北极圈内有关的科学数据,填补地图上的空白,组织了一次北极探险。经过周密的计算和安排,安德烈在瑞典科学院正式提出乘飞艇到北极探险的计划。在此之前,安德烈曾在美国学习了有关航空学的理论,并且制造出由气球而发展起来的飞艇,相关飞行试验在美国和欧洲曾引起轰动。随之而来的便是经费问题,由于人们对此不信任、不关心,因此也就很少有人提供经费。

为了解决资金的问题,安德烈整天奔波,挨家挨户去找那些大富豪和大企业家,但常常是一点结果也没有,商人都是有了利益才会去做,没有谁愿意去投资一个自己毫无把握并且也不知道是不是能给自己带来利益的项目。每天,安德烈带着希望出去,却总是带着失望和疲倦回到家里。

经过很长时间的奔波,总算有一位好心而开明的大企业家表示愿意提供赞助,他甚至表示愿意承担全部费用,同时他还向安德烈提了一个很重要的建议:希望这项冒险计划得到人们的关注,如果就这样悄无声息地走了,他自己的试验也无法顺利进行,企业家也得不到什么好处,安德烈觉得企业家说的话很有道理,于是两人经过商量,决定让安德烈继续去募捐、扩大影响。

尽管安德烈很努力地想尽一切办法,跑遍全城,但是人们的反应仍然很冷淡,安德烈非常着急,情急生智,他想出了一个大胆的办法,就是把自己的探险计划写成一篇极其详细严谨的论文,用大量证据论证了这项计划的可行性及其意义,然后,他请那位开明的企业家想方设法把这篇文章呈献给国王。

国王对这个大胆的计划感到很新奇,于是召见了安德烈,并询问有关探险的一些具体情况。两个人谈得很投机,最后安德烈要求国王象征性地提供一些小小的赞助，国王慨然应允。

既然国王都对这件事感兴趣，那么许多名流、富豪也都跟着对探险一事纷纷予以关心，捐赠了大笔费用。许多普通民众也因此开始对这项计划感兴趣了，大家都明白了探险的意义。安德烈的事业终于不再是他一个人苦苦奔波的事业，而是变成了一项公众的事业。经过了这么大的一番周折，后来安德烈的理想也终于实现了。

观史悟道

适当的时候，我们可借助他人的力量和名声来实现自己的理想，但要达到自己想要的效果，你首先要学会如何获得他人的帮助，这绝对是聪明人的做法，它可让自己的理想之路更平坦、更顺畅。

第五章

察人与待人

第一章　深人古村人

周成王信任周公国家安定

周公是西周时期的政治家、军事家、思想家、教育家。他曾辅助周武王灭殷商建立周朝,但周武王在灭商后就病重不起。在武王生病期间,周公十分担忧,便写了一篇祷文,请求上天让自己代武王而死。史官把周公的祈祷记在典册上,放进用金绳索捆的匣子里珍藏起来。

周武王逝世后,武王的儿子成王继位,因年纪小,不能管理国家大事,就由周公代理。这时,周公的哥哥管叔鲜、弟弟蔡叔度等人对周公代管政事大为不满,一方面到处散布流言,说周公要篡夺王位;另一方面组织力量联络已归降周朝的纣王儿子武庚,策划叛乱,还在国内大肆散布谣言说周公想谋害成王,篡夺王位。周公为避开锋芒,只好避居东都。

周成王对这些传言将信将疑,甚至一度威胁周公。不久后,成王发现了周公当初所写的愿代武王而死的祷文,才深切地了解到周公对周王朝的忠诚,很受感动,于是派人接回周公,帮助治理国家,并派他率领部队东伐,周公不辱使命,很快平定了武庚、管叔和蔡叔的叛乱,使周朝疆域直达大海。之后周公尽心地辅佐成王,制定礼乐和典章制度,这些制度和礼仪被历代王朝继承下来,影响巨大。

周公年老时在丰京养老,不久得了重病,病终前叮嘱家人说:"一定要把我葬在洛邑,以表示我至死也要辅佐成王"。但在他辞世后,周成王将他葬于文王墓地边上,对此成王说:"这表示我不敢以周公为臣,"而是将他作为自己的长辈和国家的奠基人来尊敬他。

不可人云亦云，要能正确判断

孔子曾经提出过："众恶之，必察焉；众好之，必察焉"的主张，可以说既抓住了人们认识并判断事物的错误所在，又恰到好处地点明了正确认识、判断事物的途径和方法，它是我们为人处世不可忽视的重要策略。历史上和现实中大量正反事例，也反复印证了它的必要性。

我们在待人用人上，一定要争取"不疑人，也不受人欺"，哪一方面有了偏失，都会带来危害。所以说不管是做事还是对人的判断，千万不要盲从，要以自己的经验为依托，对人做出正确的判断，这样才不至于做出错误的判断。

1960年，陈毅元帅曾讲过这么一段话：一个空军飞行员，如果开不好飞机，那总不好吧；然而飞机开得再好开到敌人那边去了，反过来打自己的国家，那就更糟了。这段深入浅出的话告诉我们，无能固然不好，无德就更不好，才高而缺德就更是灾难。而在判断一个人性格品德的过程中，如果你遇见的是大家都厌恶的一个人，你也不能随便相信，一定要去考察；如果大家都喜爱他，你也不能受蒙蔽，不能冲动，也一定要去考察和观察，不要人云亦云。不管他在大家心目中是一个什么样的人，你都要根据事实和你所观察到的人的言行做出判断，而不能只根据身边人的说法去判断。

"人云亦云"、"随大流"，是人性的弱点之一。一般来说，人们很容易对某种信息和心理状态不由自主地产生无意识地盲从，这种盲从不是通过承受有组织的蓄意压力，接受某种信息或行为模式表现出来，而是通过传播某种情感状态并且无意识地进行心理调节而表现出来的。

无组织的人群往往成为这种效应的加速器，如果置身其中，即使有主见的人也容易受其感染而失去辨别能力。正因为常人都容易犯"人云亦云"的毛病，结果很可能导致错误的认识。所以，亲自去细致地观察某种人或事，得出符合实际的正确结论，在人们的处世决断中是很有必要的。知人而交，择人而用，是我们在管理与待人方面必须要重视的一个方面。

观史悟道

北宋著名的文学家、书画家苏轼在谈论一个人如何成才时,曾经说过这么一句话:"古今成大事者,不唯有超世之才,亦必有坚忍不拔之志。"我们做人做事要走自己的路,不盲从,不跟着别人的脚印走,一步一个脚印,扎实地进步。

楚庄王不问小错得人效命

春秋时的楚庄王熊旅大度而有涵养,很懂得体恤自己的臣下。

一次,楚庄王举行了一场盛大的夜宴来款待他的一批得力臣下。为了让大家玩得尽兴,他还让舞姬为众人斟酒助兴。正当舞姬在臣子们中间来回斟酒时,忽然刮起了一阵风,吹熄了宴会上的所有烛火,而其中有一个人见舞姬长得漂亮,便在酒精的作祟之下趁黑拉住了舞姬的衣袖,想占些小便宜,但却被机智的舞姬给挣脱了,虽然舞姬没看清是谁,但她挣脱时还顺手拉断了这人官帽上的帽缨握在手里。

舞姬对此非常生气,便命人点上烛火,要求庄王凭帽缨查出此人加以重罚,可想而知,此时宴会气氛十分紧张,每个人的心里都在不安地犯着嘀咕,等着看那位冒失鬼会有什么样的倒霉下场。然而,事情却大大出乎意料,端坐在宴席主座上的楚庄王却好像什么事都没有发生一般,依然笑容满面,只见他呵呵一笑,对大家说:"今日大家与我欢乐饮酒,谁的帽缨不拉断,就说明他不想与寡人尽兴畅饮。"于是群臣都开怀大笑,将自己的帽缨扯断了,大家欢饮至深夜才散席。

此事之后不久,临近的吴国发大军来攻打楚国,楚庄王亲自带兵迎敌。敌军气势正盛，楚军开始时抵挡不住，而有一位叫唐绞的武将却表现得非常勇敢，他奋不顾身，连续五次带头冲入敌阵，杀得吴国的士兵不敢向前，还两次截杀了欲偷袭楚庄王的敌将，献敌将的脑袋于庄王面前，他的举动大大地鼓舞了楚国军士的斗志，大家齐心协力，将敌军杀了个丢盔弃甲，狼狈而逃。

凯旋归来后，楚庄王亲自犒赏有功将士，特别是唐绞，他对唐绞说："我不曾优待于您，您为什么对我这么好？"

唐绞却非常惭愧地说："楚王不知，我不能再受赏了！因为那天晚上的宴会对您的爱妃行为不轨的人就是我啊！您不怪罪我，还为我保留面子，所以我愿肝脑涂地报答你啊！"

学会宽容，事业之路才宽敞平坦

楚庄王"绝缨宴"的故事，二千多年来一直被人们传为美谈，就是因为这个故事体现了宽容大度是一种尊贵的人格魅力，而且这种品质也往往会给我们带来意想不到的好处。我们看他宽容巧妙地卖给手下人一个人情，打动了对方，终于感动唐绞，使得他在战场上奋力厮杀，并拼死去保护自己。这也说明，做人能大度容人，方能凝聚人气，得人全心拥护。

所以说，大度容人是一种智慧，也是一种品质。聪明的人善于以情打动人心，从而赢得帮助。美国18世纪著名科学家兼社会活动家富兰克林年轻时自恃甚高，目中无人，他经常批评别人，谁有点错误，他便对谁严加指责。

有一天，富兰克林的一个老朋友把他叫到一边，严厉地对他说："富兰克林，你简直不可救药了！你到处指责别人的错误，你认为自己比所有人都高明吗？你这德性谁受得了？朋友们对你是多么厌恶。他们对我说，如果你不在场，他们就会觉得快乐自在，而你一出现，大家都觉得像来了个自己最讨厌的人。你要一直这样自以为是的话，马上你就面临被所有朋友孤立起来的危险。这话除了我没有第二个人会告诉你，你好好自省吧！"

这番话像一颗重磅炸弹，将一向自负的富兰克林给炸醒了，这是他生命中经受的一次最严厉的批评与教导。他也因此发现了自己正面临着社交失败的境况。于是他决心自省，改掉自己傲慢、武断的个性。

从此，富兰克林给自己立下一条规矩，决不正面反驳别人的意见，绝不再随便地指责他人的错误。这种谦和待人的态度使富兰克林的胸怀也变得大度起来，而且在交际方面也很见效，富兰克林很快就得到了丰厚的回报——凡是他参与的谈话场合，气氛都变得融洽和谐，朋友们也越来越愿意与他交往了。这样坚持下去，富兰克林便克服了挑人毛病的坏习惯，而他宽容待人的品质也让他赢得了众人的尊敬，后来他通过努力，成为了美国历史上最能干的外交家之一。

有人说："宽容是在荆棘丛中长出来的谷粒。"要想有人爱戴自己，或者让下属对自己忠心耿耿，就不要抓住别人的错误不放。宽厚待人，容纳非议，乃事业成功、家庭幸福美满之根本。

每个人都会犯错误，年轻人因处于人生和对社会的探索阶段，更容易在体验或尝试的过程中犯错误，如果执著于自己或他人过去的错误，就会形成思想包袱，从而对人不信任、对不好的事耿耿于怀，这样既会限制了自己的思维，也限制了对方的发展，只能使事情越来越糟。

如果我们能换一种思维，不紧盯住别人的错误不放，多一点对别人的宽容，我们就给别人多了一点空间，同时也赢得了别人的尊敬。冷静、忍耐、谅解永远是人际关系处理中最重要的东西。能包涵，让自己宽容大度些，才能捕获对方的心。

观史悟道

秦朝宰相李斯说："泰山不让土壤，故能成其大；江海不择细流，故能就其深。"做人也要能像高山大海一样，胸怀能接纳百川，所以小溪江河都投向它。一个有深厚修养、胸怀宽容大度的人，人们也都乐意与他为友或为他效命。

优孟劝人有方受重用

春秋时期的楚庄王是"春秋五霸"之一,他很喜欢一位叫优孟的伶人,十分厚待他。楚国的相国孙叔敖也发现优孟虽然出身卑贱,但绝不是那种阿谀奉承的势利小人,因而也非常尊重优孟,把他看作是知心朋友。

孙叔敖病重时对儿子说:"我虽然贵为楚国的国相,但一生廉洁奉公,没有给你留下多少财产。我死后,将来若遇到困难,就去找优孟吧!他是我最知心的朋友,只有他才能帮助你。"

过了几年,孙叔敖的儿子果然非常贫困,生活难以为继,后来他找到优孟,请求帮助说:"我父亲临死时嘱咐说,万一生活实在过不下去了,就来找您,父亲说只有您是他的知心朋友,才会用心帮助我。"优孟问清了他的住处,接济了他一些钱。以后,优孟就常去找孙叔敖的儿子,给他送去些钱粮,还常向他询问孙叔敖的生活习惯,并模仿其说话和走路。

一次,楚庄王在宫里大宴群臣,优孟便穿着孙叔敖的衣服参加了宴会。轮到优孟上前为庄王敬酒时,优孟便模仿孙叔敖的走路姿势,并且模仿孙叔敖说话的语调,向楚庄王祝酒。楚庄王大吃一惊,以为是孙叔敖的鬼魂在作怪呢。这样一来,不由得使楚庄王想起当初孙叔敖辅佐自己称霸诸侯的情景,便要任命优孟做自己的国相。

优孟一再推辞,楚庄王坚决不允,优孟只好说:"请大王允许臣回家与妻子商量一下,三天后再答复大王吧。"

三天以后,优孟刚上殿来,楚庄王便迫不及待地问:"你妻子怎么说的?"

优孟叹了一口气说:"臣的妻子说,'千万要慎重啊!就说孙叔敖吧,他担任楚国的国相，尽忠尽责，辅佐大王称霸诸侯，功劳不可谓不大。可到头来只落得清贫如洗，死后也没有什么财产留给子女，如今他的儿子只好靠打柴度日，勉强生存。你如果当了楚国的国相，也落个孙叔敖的下场，还不如趁早自杀了呢'。"

楚庄王恍然大悟，立即传令赐给孙叔敖的儿子400户的封地，以激励那些愿为楚国效忠的人。

楚庄王酷爱养马，他让手下人把那些他最心爱的马都披上华丽的绸缎，养在金碧辉煌的厅堂里，让它们吃美味的枣肉。

有一只马因为长得太肥死了。楚庄王命令全体大臣致哀，准备用棺椁装殓，一切排场按大夫的葬礼隆重举行。左右大臣纷纷劝谏他不要这样搞，楚庄王非但不听，还下了一道通令："敢为葬马向我劝谏的，一律杀头。"

优孟听说了，闯进王宫就嚎啕大哭。楚庄王吃惊地问他为什么哭，优孟回答："那匹死了的马啊，是大王最心爱的。像楚国这样一个堂堂大国，却只用一个大夫的葬礼来办马的丧事，未免太不像话。应使用国王的葬礼才对啊！"

楚庄王说："照你看来，应该怎样呢？"

优孟回答："我看应该用白玉做棺材，用红木做外椁，调遣大批士兵来挖个大坟坑，发动全城男女老幼来挑土。出丧那天，要齐国、赵国的使节在前面敲锣开道，让韩国、魏国的使节在后面摇幡招魂。建造一座祠堂，长年供奉它的牌位，还要追封它一个万户侯的谥号。这样，就可以让天下人都知道，原来大王把人看得很轻贱，而把马看得最贵重。"

楚庄王这时终于恍然大悟，知道这是优孟在含蓄地批评他，便说："我的过错就这样大吗？好吧，那你说现在应该怎么办呢？"

优孟答到："事情好办，依臣之见，用灶头为椁，铜锅为棺，放些花椒桂皮，生姜大蒜，把马肉炖得香喷喷的，让大家饱餐一顿，把它葬到人的肚子里。"

楚庄王不由笑了，吩咐手下人照优孟说的办，并厚赏了优孟。

说话也要讲技巧，表达方式很重要

优孟之所以成功，就在于他能以合适的方式劝谏楚庄王，如他在谏楚庄王爱惜人才时，先以衣冠，走路形态等引起楚庄王心中的回忆，再借妻子之口说出道理，一切水到渠成；在劝楚庄王改变葬马方式时，他先顺着楚庄王的意思说要厚葬，并列举了厚葬的方式，让楚庄王自己认识到葬礼太过了，会让人嗤笑的。在这两个事例中，优孟的说话的时机和方式选择极为适当，可以说尽显了语言的魅力。

而我们在说服别人的时候，常犯的错误，除了过分心急、不够耐心之外，就是我们并没有在说服的过程中利用合适的方式。我们不外乎把我们说过的话说了又说，说来说去还是那一套，许多人不能说服别人，恐怕第一步就失败在自以为是上了。

因为没有关心别人，没有细心地去研究别人的问题，就下了判断，自以为"一眼就看穿了别人"。就如医生未详诊病情就下了诊断结论，结果是变"医"为"害"了。

因此，在说服别人以前，最重要的是把准备工作做好，先把别人的想法、别人的问题看清、摸准，反复研究、深思熟虑，在说服别人之前，多听、多看、多想、多分析，把别人的想法、做法和问题所在看得清清楚楚，使自己得到正确的判断。

假定我们的看法是对的，我们的意见是正确的，那么，在我们去说服别人的时候，我们可能犯些什么错误呢？首先，我们可能过分心急，巴不得别人听了我们的话，立刻点头说好，大为赞赏，向我们感激地说："听你一席话，胜读十年书"，或"你的话，真是一言警醒梦中人，倘若我早能向你请教，早能听到你的指点，那就不会惹出这么多麻烦了"。

是的，这种情形不能说没有。一个头脑清楚，眼光敏锐，而又善于表达自己意见的人，对别人常常会有这样的帮助。但实际上，这种情形是不太多的，在大多数场合，别人不会被我们一"说"就"服"的。对此我们应明白，别人的看法、想法、做法，不是一天形成的，正所谓"冰冻三尺，非一日之寒"，因此，没有那么快就会改变自己的想法。即使别人肯听我们的话，甚至在听我们说话时，曾经大加赞赏，大为感动，说了许多使我们非常高兴的话，但回去仔细考虑之后，他们原先的想法，又可能再占上风。

何况，别人所接近的，也并非只有一人。别人所听到的，也并非只有一种意见。除了我们，别人，还有他们很熟悉的或很信任的家人、朋友，也许比我们更能说服他。如果你操之过急，就会把意见强加于人，使问题更难解决。

另一方面，各人的思想不同，而这些思想及心里的成见是根深蒂固的，就像一座山，要移去这座山，就需要有"愚公"的魄力和勇气。比如在遇到不能说服别人、反而被别人抢白一顿的时候，不要生别人的气，更不能生自己的气，也不要泄气。说服别人也像愚公移山一样，今天挖开一角，明天铲平一块，今天解释清楚一个细节，明天说明一个要点，日积月累，相信是会解释清楚的、会说通的。因为正确的意见总是会胜利的，除非你不再努力、不再坚持。

有的时候，别人实际上已经被我们说服了，但是在他的身后却存在庞大的力量，这个人拉住他的手，那个人扯住他的脚，因此，我们面对着的就不只是一个人，而是很多人，这时候，我们也应该增加我们的力量，介绍好的书给他看，请他去看一部很好的电影，也可以找几个见解和我们相同，口才比我们更好的人，和他做朋友，和他多谈谈各种问题。这样，双方在想法上，可能展开了拉锯战，就像一场"拔河比赛"。而且这样做，对你自己也不是没有好处的，可以使你本来正确的认识更细致、更丰富，可以使你对你本来看得清楚的问题，看得更深刻更透彻，当然也就同时锻炼了你的眼光、你的脑子和你的口才，增强了你说服别人的能力。

观史悟道

说话不难，把话说好却不易。我们对人做思想工作，要特别注意方式方法，哪种方式最易使对方接受就采用哪种方式。因为语言艺术也是讲求时机和方式的，在交往中若能适当选择说话时机和方式，就能使许多看似困难的问题迎刃而解。

郭隗自荐燕国"士争凑燕"

燕昭王当国君时,一心想改变燕国在政治、经济、军事等方面都弱于其他国家的局面。于是,他要招揽贤才治理国家,而天下人都认为燕昭王不是真的求贤若渴,结果燕昭王很长时间都寻觅不到治国安邦的英才。

一个叫郭隗的智者给燕昭王讲述了一个故事,大意是:有一国君愿意出千两黄金去购买千里马,然而时间过去了三年,始终没有买到,又过去了三个月,好不容易发现了一匹千里马,当国君派手下带着大量黄金去购买千里马的时候,却发现马已经死了。可被派出去买马的人却用五百两黄金买来一匹死了的千里马。国君生气地说:"我要的是活马,你怎么花这么多钱弄一匹死马来呢?"

国君的手下说:"当大家都知道大王舍得花五百两黄金买死马,更何况活马呢?我们这一举动必然会引来天下人为你提供活的千里马。"果然,没过几天就有人送来了三匹千里马。

郭隗又说:"你要招揽人才,首先要从招纳我郭隗开始,像我郭隗这种才疏学浅的人都能被国君采用,那些比我本事更强的人知道后,必然会闻风千里迢迢赶来投奔您啊。"

燕昭王采纳了郭槐的建议,便拜郭槐为师,为他建造了华丽的住所,后来没多久就引发了"士争凑燕"的局面。投奔而来的有魏国的军事家乐毅,有齐国的阴阳家邹衍,还有赵国的游说家剧辛等,落后的燕国一下子便人才济济了。经过大家的努力治理,燕国由一个内乱外祸、满目疮痍的弱国,逐渐成为一个富裕兴旺的强国。

后来齐国与燕国交恶,燕昭王又让乐毅兴兵伐齐,乐毅果然能干,一连下齐七十余城,将齐国打得只剩下两个小城,差点就灭国。此后一段时间内,再也没有其他国家敢小看燕国了。

巧妙利用榜样的力量和影响

孔子曾说:"其身正,不令则行,其身不正,虽令不从,不正其身,如正人何?"这种形象教育胜过千言万语,完全可以起到潜移默化的作用。

榜样的激励作用是一种"润物细无声"的教育。它对人具有极强的说服力和感染力。榜样不仅能具体地告诉我们某种事如何做和不应该如何做,而且能进一步熏陶我们的情感,影响我们的思想意识。在榜样的作用下,促进我们形成优秀的品质。

有了榜样,就如找到了自己的行为准则。从榜样中,我们学会了待人,学会了接物,学会了如何去奋斗,学会了如何实现生命的价值。有了榜样,就如找到了一面明镜,明镜里反射出许多自身的问题,教育提醒我们克服困难,摒除杂念,努力学习,修身养性,认真工作。有了榜样,就如找到人生的目标,目标就在眼前,它永远激励我们不懈奋斗,勇于拼搏,排除万难。

美国NBA(美国篮球职业联赛)中设有一个MVP奖,这就个是颁给最能带领球队取得好成绩的球员的,因此这个奖也是"最有价值球员奖"。这个奖的设立,其实也是NBA在树立榜样的作用,以激励各球员为球队的进步做出更好的贡献。

在其他类型的组织中,也总会有一批具有较高个人素质、业务技术能力的典范人物,他们是集中体现组织主流文化、被组织推崇、被广大员工一致仿效的特殊员工。这些人是组织先进文化的体现者,在组织正常的生产经营活动中起着模范带头作用,是组织文化建设的主力军。

"夫子步亦步,夫子趋亦趋",中国人在两千年前就开始懂得榜样的重要性。榜样人物能以其优秀的品德、模范的言行、生动感人的形象来感染人们。他们的为人、功绩是大家有目共睹的,容易使大家产生感情共鸣,因而乐意去仿效。典型人物以其自身在企业中的影响力,在解决组织内部的各类问题、冲突时起着调节融合的作用。他们能以公正的态度判定是非，充分诠释组织企业冲突的立场、原则和手段，化解冲突。

在一个良好的企业环境中，典型人物的公正主张和远见卓识能够控制舆论导向，起到引导员工言行、强化组织价值观的作用。企业的典型人物来源于员工，他们的理想、信念和追求具有现实的基础，易于为员工所认同和敬佩，易于产生独特的魅力，使整个企业同心同德，形成整体合力。

一个企业中必定有众多的候选楷模，就看我们如何去发现和造就他们了。激励理论证明，榜样的关键在于激励的方法和榜样的选择。注重组织文化的公司一般都十分看重有个性的员工，他们的独特个性可以与公司的价值观相得益彰。尊重员工的个性，挖掘他们的创意，把他们放在具有创造性的工作岗位上，这在很大程度上是利用有独特个性员工的行为来激励整个企业的员工。

需要注意的是，榜样宜少宜精。榜样不是万事楷模，没有必要各行各业、各时各代都推出全民必须学习的榜样。榜样必须稳定。稳定的榜样身上必然集中了人类永恒的品质，这些品质不会随时代的变化而改变。榜样在永恒的品质面前应该达到做人的最高境界，可以为万世楷模。通过稳定的榜样推行统一的价值观，这种价值观一代一代延续下来，催生富有凝聚力的民族精神。

观史悟道

古人说："以人为镜，可以明得失"，说的就是榜样的作用。

心理学研究表明：人是最富有模仿性的生物，人的大部分行为是模仿行为，而榜样则是模仿行为发生的关键。对人而言，榜样发挥着重要的示范激励作用，榜样内在的感染、激励、号召、启迪、警醒等功能都有积极的推动力，所以，找到一个好的榜样，对我们是有着极好的进步作用。

信陵君礼贤下士破秦军

魏公子无忌是战国后期的"四君子"之一，他是魏昭王的小儿子，魏安王的异母弟弟。昭王去世后，安釐王继位，封无忌为信陵君，故世称其为"信陵君"。

信陵君为人仁爱而尊重士人，士人无论是才能高的还是差的，都谦逊而礼貌地结交他们，不敢以自己的富贵身份慢待士人。几千里内的士人都争着归附他，招来食客竟达三千人。这时候，由于公子的贤能，又有很多食客，各国诸侯十几年不敢兴兵谋取魏国。

魏国有个隐士名叫侯嬴，七十岁了，家境贫寒，是大梁夷门的守门人。信陵君听说这个人极具智慧而又很讲信义，便前往邀请，想送他厚礼。侯嬴不肯接受，说："我几十年重视操守品行，终究不应因做守门人贫困而接受公子的钱财。"

信陵君于是摆酒大宴宾客，大家就坐之后，信陵君却带着车马，空出左边的座位，亲自去迎接夷门的侯嬴。侯嬴便撩起破旧的衣服，径直登上车，坐在左边的上位，并不谦让。

信陵君手执辔头，愈加恭敬。侯嬴又对信陵君说："我有个朋友在街市的肉铺里，希望委屈您的车马顺路拜访他。"信陵君便驾着车马进入街市，侯嬴下车拜见他的朋友朱亥，故意地久久站着与朋友闲谈，暗中观察信陵君的表情，却发现信陵君的脸色更加温和。

这时，魏国的将相、宗室等宾客坐满了信陵君的厅堂等待开宴。街市上人们都观看信陵君手拿着辔头。随从的人都偷偷地骂侯嬴。侯嬴观察信陵君的脸色始终没有变化，才辞别朋友上车。

到信陵君家中，他引侯嬴坐在上座，把宾客一个个介绍给他，宾客们都很惊讶。酒兴正浓的时候，信陵君起身到侯嬴面前祝酒。侯嬴便对公子说："我本是夷门的守门人，公子却亲身委屈车马去迎接我，在大庭广众之间，我本不应该有过访朋友的事情，现在公子却特意地同我去访问朋友。然而我正是为了成就公子的名声，才故意使公子的车马久久地站在街市里，借访问朋友来观察公子，而公子的态度却愈加恭敬。街市的人都以为侯嬴是个小人，而以为公子是个宽厚的人，能谦恭地对待士人。这就够了！"于是酒宴结束，侯嬴便被信陵君升为上等宾客。

宴后，侯嬴又对信陵君说："我访问的屠者朱亥是个贤能的人，世人不了解他，所以才隐居在屠市之中。"信陵君便去拜访朱亥，多次请他，但朱亥故意不回拜，信陵君感到很奇怪。

这个时期，秦赵两国军队交战，赵国军队在长平惨败于秦军，之后秦军又进伐赵国国都邯郸，赵国形式危急，便求救于楚国和魏国，两国也接受了赵国求援的要求，魏安釐王更派大将晋鄙率兵救赵国。

秦昭襄王一听到魏、楚两国发兵，就亲自跑到邯郸去督战。他派人对魏安釐王说："邯郸早晚得被秦国打下来。谁敢去救，等我灭了赵国，就攻打谁。"魏安釐王被吓唬住了，连忙派人去追晋鄙，叫他就地安营，别再进兵。晋鄙就把十万兵马扎在邺城（今河北临漳县西南），按兵不动。

赵孝成王听说后十分着急，叫平原君给魏国公子信陵君魏无忌写信求救。因为平原君的夫人是信陵君的姐姐，两家是亲戚。

信陵君接到信，三番五次地央告魏安釐王命令晋鄙进兵。魏王说什么也不答应。信陵君没有办法，对门客说："大王不愿意进兵，我决定自己上赵国去，要死也跟他们死在一起。"

当时，不少门客愿意跟信陵君一起去，信陵君跟侯嬴去告别。侯嬴说："你们这样上赵国去打秦兵，就像把一块肥肉扔到饿虎嘴边，不是白白去送死吗？"

信陵君叹息着说："我也知道没有什么用处。可是又有什么办法呢？"

侯嬴支开了旁人，对信陵君说："咱们大王宫里有个最受宠爱的如姬，对不对？"

信陵君点头说："对！"

侯嬴接着说："听说兵符藏在大王的卧室里，只有如姬能把它拿到手。

当初如姬的父亲被人害死，她要求大王给她寻找那个仇人，找了三年都没有找到。后来还是公子叫门客找到那仇人，替如姬报了仇。如姬为了这件事非常感激公子。如果公子请如姬把兵符盗出来，如姬一定会答应。公子拿到了兵符，去接管晋鄙的兵权，就能带兵和秦国作战。这比空手去送死不是强多了吗？"

信陵君听了如梦初醒，他马上派人去跟如姬商量，如姬一口答应。当天午夜，乘着魏王熟睡的时候，如姬果然把兵符盗了出来，交给一个心腹，送到信陵君那儿。

信陵君拿到兵符，赶紧向侯嬴告别。侯嬴说："将在外，君命有所不受。万一晋鄙接到兵符，不把兵权交给公子，您打算怎么办？"

信陵君听了一愣，皱着眉头答不出来。

侯嬴说："我已经给公子考虑好了，我的朋友朱亥是魏国数一数二的力士，公子可以带他去。到那时候，要是晋鄙能痛痛快快地把兵权交出来最好；要是他推三阻四，就让朱亥来对付他。"

信陵君非常感激侯嬴，便想让他一起去，但侯嬴说："我年纪大了，不能随你前往，我将估算你到达晋鄙军营的时间，以死明志。"

信陵君听了说不出话来，便带着朱亥和门客到了邺城，见了晋鄙。他假传魏王的命令，要晋鄙交出兵权。晋鄙验过兵符，仍旧有点怀疑，说："这是军机大事，我还要再奏明大王，才能够照办。"

晋鄙的话音刚落，站在信陵君身后的朱亥大喝一声："你不听大王命令，想反叛吗？"不由晋鄙分说，朱亥就从袖子里拿出一个四十斤重的大铁锥，向晋鄙劈头盖脑砸过去，结果了晋鄙的性命。

信陵君拿着兵符，对将士宣布一道命令："父子都在军中的，父亲可以回去；兄弟都在军中的，哥哥可以回去；独子没兄弟的，都回去照顾他的父母；其余的人都跟我一起救赵国。"

当下信陵君就选了八万精兵去救邯郸。他亲自指挥将士向秦国的兵营冲杀。秦军没防备魏国的军队会突然进攻，手忙脚乱地抵抗了一阵，渐渐支持不住了。而邯郸城里的平原君见魏国救兵来到，也带着赵国的军队杀出来。两下一夹攻，打得秦军落荒而逃。

信陵君救了邯郸，保全了赵国。赵孝成王和平原君十分感激，亲自到城外迎接他。

以礼待人，以信接人

在人际交往中，敬重和信任就是要尊敬并相信他人的真诚，从积极的角度去理解他人的动机和言行，而不是胡乱猜疑，相互设防。历史靠讲诚信和尊重他人成就大业的人数不胜数，很多成功人士都是诚实守信之人。比如说三国时候的刘备，凭着自己对人的敬重感动了诸葛亮，才成就了三分霸业；

美国哲学家和诗人爱默生说过：你信任人，人才对你重视。你以伟大的风度待人，人才对你表现出伟大的风度。他还说过这样一个故事：

在一个矿区有一家名叫"随便给"的小饭店，一次仅能容纳二十名顾客就餐。但名气却大得很，因为饭店的服务人员从不向客人出示账单，用完餐的客人可以随便付钱，没有人会为难你。就这样，这家小饭店不但没有亏本，反而生意兴隆。这引起了许多人的好奇心，纷纷前去探个究竟。于是这个小饭店靠对客人的尊重与信任，获得了大利。

其实，人都有自尊心，只有尊重别人的人格、尊重别人的成果，才能团结别人，受到别人的尊重。人与人相处融洽，全靠信任。

信陵君是魏国的王子，但他没有因自己的身份而看不起看大门的侯赢和屠夫朱亥，正是因为信陵君有诚心敬重他们，才得到了侯赢与朱亥的全力相助，从而救赵而还。

中国自古就是礼仪之邦，国人注重敬重他人，并且很守一个"信"字和一个"义"字。我们每个人身上也都有这种传统，在与他人交流时，更应该建立在尊重与信任的基础上。

观史悟道

要知道，一个人唯有懂得敬重他人，才能得到他人的尊敬；你相信别人，别人才能相信你；所以，我们只有做到了真诚待人，也才能得到真诚的回报。

光武帝信任冯异天下安定

西汉末年天下大乱，有着雄才大略和超人魅力的刘秀带领一批能臣武将争雄天下，后来建立东汉王朝，冯异便是刘秀手下的战将之一。冯异字公孙，颍川父城（今河南宝丰东）人，素好读书，精通《左氏春秋》、《孙子兵法》等。

冯异不只英勇善战，而且忠心耿耿，品德高尚，刘秀十分厚待他，最重要的事情一般都会安排他去办。当刘秀转战河北时，屡遭困厄，有人悬赏要捉拿刘秀，刘秀只好带领大家逃难，一次逃奔到饶阳一带，大家已几天没有好好吃东西了，饥寒交迫之际，是冯异送上仅有的豆粥麦饭，才使刘秀等人摆脱困境。

后来刘秀带领大家重整旗鼓，群策群力，占领了很大的地盘，收伏了很多的军事势力，终于在河北地区稳定下来，冯异便建议刘秀称帝，东汉王朝也得以确定下来。

作为一名将领，冯异治军有方，且为人谦逊，每当诸位将领相聚，各自夸耀功劳时，他总是一人独避于大树之下，因此大家都称他为"大树将军"。

在刘秀统一天下的过程中，冯异先助刘秀稳固了河北地区，后又受命平定和经营关中一带，他用策有方，所用措施无不深得民心，特别是在关中时，他成为刘秀政权的西北屏障。

在当时，关中一带是天下最富饶、人口最多的地区，冯异独掌这一带，自然引起了同僚的妒忌和猜忌，一名叫宋嵩的使臣先后四次上书刘秀诋诲冯异，说他控制关中，擅杀官吏，威权至重，百姓归心，人们都称他为"咸阳王"。

　　冯异对自己久握兵权，远离朝廷也不大自安，担心被刘秀猜忌，就一再上书，请求回到洛阳。但刘秀却非常相信冯异，并且认为西北地区非冯异不能安定，为了解除冯异的疑虑，他便把宋嵩的告密信送给冯异。这一招的确高明，既可解释为刘秀对冯异的信任不疑，又暗示了朝廷已早有戒备，恩威并用，使冯异赶紧上述自陈忠心。刘秀这才回书道："将军之于我，从公义讲是君臣，从私恩上讲如父子，我还会对你猜忌吗？你又何必担心呢！"

　　关中基本平定后，冯异入京朝觐，刘秀热情接见，并对在场的公卿们说："这是我起兵时的主簿。为我披荆斩棘，安定关中。"接见之后，刘秀又派中黄门赐给冯异珍宝衣服钱帛等物，并且说："仓卒无蒌亭豆粥，虖沱河麦饭，厚意久不报。"冯异受赐后拜谢说："臣闻管仲谓桓公曰：'愿君无忘射钩，臣无忘槛车。'齐国赖之。臣今亦愿国家无忘河北之难，小臣不敢忘巾车之恩。"此后，光武帝又数次召见冯异，设宴君臣共饮，商讨攻蜀之事。

　　冯异在京城住了余日，才回驻地。刘秀命冯异妻子儿女随行，以示对他的绝对信任。后来冯异又数建大功，为东汉的统一出力不少。

信人者，人恒信之

　　都说"千军易得，一将难求"，但有的人有将却不会用，就在于不会用人。我们做事业时，若能视得人如得财，那么又何愁人才不来呢？

　　如果你有一个创业团队，你就要明白信任是用人的一项重要原则。你对下属要有充分的信任度，大胆地放手让他们负责工作。通常信任下属主要有这几个特点：相信下属的道德品质；认可下属的工作态度；理解下属的心理需求；明白下属的工作方法；肯定下属的工作才智；信赖下属的工作责任感。

　　像刘秀对待冯异这样的事情在中国历史上并不少见，春秋时的管仲说："不能了解人才，有害霸业；了解人才但不能任用人才，有害霸业；任用人才但不信任人才，有害霸业；信任人才但又让品行不好的人干预他的事情，有害霸业。"欧阳修曾说："任人之道，要在不疑。宁可艰于择人，不可轻任而不信。"

管理好来自于信任和被信任，道理虽简单易懂，真要做好还需要领导者有相当的容量和气度。要知道，信任是对人才强有力的支持。作为管理者首先必须相信下属对事业的忠诚，不要束缚他们的手脚，放手让他们自己创造性地开展工作；其次就是要相信他们的工作能力，既要委以职位，又要授予权力，使他们敢于负责，让他们明确自己的职责并忠于职守；最后，对人才的信任和使用还包括：当下属在工作中出了问题，走了弯路时，管理者必须拥有承担责任的胆量，帮助他们总结出经验教训，并鼓励他们能够继续前进。

明末清初思想家黄宗羲说："信人者，人恒信之。"领导者的信任，还在于敢于起用那些才干过人的人。你信任他们，他们也会尽力报效你。有的管理者缺乏这样的用人勇气和信心，对他们手下那些才干超群、特别是超过自己的人总感到不好驾驭，在使用上设定种种限制。他们宁肯将职权交给那些平庸之辈，也不交给超过自己的人。这种情况，时间久了，在他所管理、领导的内部肯定会形成"武大郎开店"的局面。真正有作为的管理者在用人时应该充分信任并善于使用那些才能出众的人才，这样才有利于企业等组织形成人才荟萃、生机勃勃的局面。

观史悟道

人才是事业的根本，管理之道，唯在用人。杰出的领导者都善于识别和运用人才。我们要与人合作做事业，也要会用人，唯有做到唯贤是举，唯才是用，才能在激烈竞争中战无不胜。

诸葛亮服人之心收南蛮

东汉末年天下大乱，各方诸侯互相征伐，后来魏、蜀、吴三方势力三分天下，但也都想一统天下。蜀丞相诸葛亮受昭烈帝刘备托孤遗诏，立志北伐，以复兴汉室。就在这时，蜀南方之南蛮又来犯蜀，诸葛亮当即点兵南征。

到了南蛮之地，双方首战诸葛亮就大获全胜，擒住了南蛮的首领孟获。但孟获却不服气，说什么胜败乃兵家常事，如果能放自己回去，那么自己也是能战胜的。诸葛亮听后一笑，下令放了孟获。

放走孟获后，诸葛亮找来他的副将，故意说孟获将此次叛乱的罪名都推到了他的头上。副将听了十分生气，大声喊冤，于是诸葛亮将他也放了回去。

副将回营后，心里一直愤愤不平。一天，他将孟获请入自己帐内，让士兵突袭将孟获捆绑，之后送到了蜀汉军营。这是诸葛亮用计二次擒获了孟获，孟获却还是不服，说不是与汉军交战被擒获的，诸葛亮便又放了他。这次，汉营大将们都有些想不通，他们认为大家远道而来，这么轻易地放走敌人简直是像开玩笑一样。诸葛亮却自有道理：只有以德服人才能真的让人心服；以力服人将必有后患。

孟获再次回到洞中，他的弟弟孟优给他献了个计谋。半夜时分，孟优带人来到汉营诈降，诸葛亮一眼就识破了他，于是下令赏了大量的美酒给南蛮之兵，使孟优带来的人喝得酩酊大醉。这时孟获按计划前来劫营，却不料自投罗网，被再次擒获。这回孟获却仍是不甘心，诸葛亮便第三次放他回去。

孟获回到大营，立即着手整顿军队，待机进攻蜀军。一天，忽有探子来报：诸葛亮正独自在阵前察看地形。孟获听后大喜，立即带了人赶去捉拿诸葛亮。不料这次他又中了诸葛亮的圈套，第四次成了瓮中之鳖。诸葛亮知他这次肯定还是不会服气，再次放了他。

孟获带兵回到营中，他营中一员大将带来洞主杨峰，因跟随孟获亦数次被擒数次被放，心里十分感激诸葛亮。为了报恩，他与夫人一起将孟获灌醉后押到汉营。孟获五次被擒仍是不服，大呼是内贼陷害。诸葛亮便第五次放了他，命他再来战。

这次，孟获回去后不敢大意，他去投奔了木鹿大王。这木鹿大王之营极为偏僻，诸葛亮带兵前往，一路历尽艰险，加上蛮兵使用了野兽，使汉兵败下阵来。这之后汉兵又碰上了几处毒泉，使情况变得更为不妙。幸亏不久诸葛亮得到指点，才渡过难关。

回营后，诸葛亮造了大于真兽几倍的假兽。当他们再次与木鹿大王交战时，木鹿的人马见了假兽十分害怕，不战自退了，孟获又被擒。这次孟获心里虽仍有不服，但再没理由开口了，诸葛亮看出他的心思，仍旧放了他。

孟获被释后又去投奔了乌戈国，这乌戈国国王兀突骨拥有一支英勇善战的藤甲兵，所装备的藤甲刀枪不入。诸葛亮对此却早有所备，他用火攻将乌戈国兵士皆烧死于一山谷中。孟获第七次被擒，诸葛亮故意要再放了他。孟获终于输得心服口服，再也无脸说再战，忙跪下起誓：以后将决不再谋反。诸葛亮见他已心悦诚服，觉得可以利用他管理南方地区，于是便委派他掌管南蛮之地，孟获等听后不禁深受感动，表示南人永不再反。

从此，诸葛亮便不再为南蛮担心，专心对付魏国去了。

强力屈人人益顽，服人之心人方服

诸葛亮征南蛮，并没有赶尽杀绝，而是对其恩威并用，将其首领七擒七纵，终于感化了孟获和他的手下人，稳定了南方局势。

我们在生活中也要懂得服人之心，而没必要屈人之口。有一个人到广州出差，在街头小货摊上买了几件衣服，付款时发现刚刚还在身上的一百多元外汇券不见了。货摊只有他和姑娘两人,明知与姑娘有关,但他没有抓住把柄。当他提及此事时,姑娘翻脸说他诬陷人。

在这种情况下,这个人没有和她来"硬"的,而是压低声音,悄悄地说:"姑娘,我一下子照顾了你五六十元的生意,你怎么能这样对待我呢?你在这个热闹街道摆摊,一个月收入几百上千,我想你绝对看不上那几张外汇券的。再说,你们做生意的,信誉要紧啊!"

他见姑娘似有所动,又恳求道:"人家托我买东西,好不容易换来百把块外汇券,丢了我真没法交待,你就替我仔细找找吧,或许忙乱中混到衣服里去了。我知道,你们个体户还是能体谅人的。"

姑娘终于被说动了,她就坡下驴,在衣服堆里找出了外汇券,不好意思地交给他。

说"软"话会让对方觉得自己是在吃糖,心里甜甜的。在上述案例中,这个人的一番至情至理的说辞,终于使外汇券失而复得。

人有时难免因一时糊涂做一些不适当的事。遇到这种情况,劝说时就需要把握指责别人的分寸:既要指出对方的错误,又要保留对方的面子。如果分寸把握得不当,使对方很难堪,就破坏了交往的气氛和基础,并带来一系列严重的后果,或者让对方占"便宜"的愿望得逞,给自己造成不必要的损失。

在现实生活中,人们普遍存在着吃软不吃硬的心态,软话容易让人听下去,硬话则可能给人以逆反心理。特别是性格刚烈、很有主见的人,你如果说"硬"话,比如以命令的口吻,对方不但会不理睬,说不定比你更硬;你如果来"软"的,对方反倒产生同情心,纵使自己为难,也会顺从你的要求。

观史悟道

很多时候,你要想说服人,说软话要比说硬话效果好得多。然而恳求并不是低三下四地哀求,而是一种"智斗",是一种心理交锋。通过恳求的语言启发、开导、暗示对方并使对方按你的意思行事。

李世民用人有道国家大治

唐太宗李世民是个有着雄才伟略的皇帝，同时他也是个很会用人的君王。

有个叫刘师立的人，本是李世民属下的一名亲卫，在玄武门之变中，此人因参与诛杀原太子李建成有功，加官进爵升至左骁卫将军。但后来有人向李世民告发说：刘师立宣称自己"眼有赤光，身体上有非同寻常的标记，姓名又与上天所暗示的帝王的名字相同"。在专制时代，刘师立说的这种话的确是大逆不道，有谋反嫌疑的。

李世民听说后，便让人将刘师立召来，亲自询问他道："有人说你要谋反，是真的么？"

刘师立极为恐惧，吓得连忙伏地叩头说："臣在隋朝时，不过是个六品小官，地位低下，从来也不敢想到会有富贵的一天，幸而遇到陛下，待我宠信异常。我时常想要以性命回报陛下。如今陛下大业已成，我也得以做到将军这样的高官。我所得到的早超过我所应得的。我是个什么人，怎么会谋反呢？"

李世民笑着说："我知道爱卿不会这样，全是别人胡说八道。"不只没有怪罪他，反而立即赐给他六十匹布并亲自安慰勉励他。刘师立从此更加效忠于李世民，后来受命守卫边境，立下了很大的功劳。

从对刘师立的责问看，太宗疑忌之态溢于言表。全赖刘师立善对，所言入情入理，才消除太宗疑虑。不过换个角度来看，太宗能及时把疑虑散去，而不是加深疑虑，胡乱猜忌、打击官员，也是值得我们学习的信人之道。

唐太宗李世民晚年率师亲征辽东，以宰相房玄龄为留守坐镇京师长安，有权处理朝中的一切事务，不必向皇帝禀奏。李世民出发后，有人到朝堂告状，说有人有密谋造反之嫌。房玄龄问："谁搞密谋？"告状人说："就是你！"

有人状告自己，房玄龄可不好自作主张了，连忙派人用驿车将告密的人送往李世民所在的行宫。李世民一听房玄龄送来了一个告密的人，便明白是怎么回事了，让禁卫手持长刀在身边守候，然后召见告密人问："你要告谁？"那人说是要告房玄龄。

李世民说："果然不出我所料。"连问也不再问，便命禁卫立刻将告密人斩首。同时，他还给房玄龄写了封信，批评他不能自信，并指示："如果以后再有这种事，你可以全权处理。"

用人不疑与疑人不用

俗话说：用人不疑，疑人不用。用了一个人，职责很重，信任却不深；信任不深，人就会有疑虑；人有疑虑，也就有了敷衍了事的心思。一旦有了这种想法，那事情可就越来越坏了。蜀后主昏庸懦弱，齐文宣帝狂暴悖乱，但是国家仍然得到很好的治理，就是因为他们任用诸葛亮、杨遵彦而不猜疑他们的缘故。善于用人的领导者自然应该比蜀后主和齐文宣帝更懂得用人。因此高明的领导者不仅不会轻易怀疑别人，而且能以巧妙的处理，显示自己用人不疑的气度，消除可能产生的离心力，使得"疑人"不自疑。

"用人不疑，疑人不用"是中国传统的信任方式，古代很多君王便是此道高手，比如三国时的孙权，他手下的潘濬本是蜀国的大臣，主管荆州事务。孙权攻取荆州后，他投降了吴国，被封为辅军中郎将。他是一个投降之人，平时只好少说话，多做事，由于一贯小心谨慎，又多次立功，后来被授以"太常"之职。

有一年，孙权命令他统率五万大军去吴国与蜀国交界的五溪去讨伐当地的少数民族。这时潘濬的表兄蒋琬正在蜀国担任要职。于是，有一个叫卫旌的人，因同潘濬有点矛盾便上书孙权，密告潘濬和蒋琬私下往来，可能会投叛蜀国。孙权得到告密信后说:"潘睿不是这种人。"不只没有召还潘睿,反而将卫旌的信交给他,把卫旌免了官。潘睿感动异常,从此更加死心塌地为孙权卖命了。

"用人不疑,疑人不用"运用在创业或管理上,就要放手让下属去大胆尝试,不要什么都管。似乎这才是现代企业最"时尚"的管理方式。其最大的分量不是有效地分配人力资本,更多的是一种精神激励。每当老板们对自己的员工"用人不疑,疑人不用"时,受重用的员工便会有一种被激励的感觉,他们突然觉得自己受到了信任,继而心甘情愿地为老板效力。

古往今来,无论是一个国家的治理还是一个企业的管理都是一样。就像易中天先生评曹操时说的那样,曹操作为一个好老板,是非常会用人的,他十分清楚"争天下必先争人"。曹操的好不仅在于其用人之术,更在于其用人之道。也就是说曹操善于"洞察人性,洞悉人心"。他知道他的将士跟着他出生入死是为了什么,有时候感情的维系比利益的维系更为重要。此时此刻,抛出一些肺腑之言,的确可以鼓舞士气,甚至笼络人心。现代社会,人心浮躁,对员工来说,工资、职位、福利等个人利益似乎是人们最终追逐的。但有一个规律是,"人才择贤主而归附",只有在一个好老板手下工作才会实现自己最大的人生价值。所以管理者们也请不要忘记,无论什么时候,摄取人心都是非常重要的一环。如何能更好地提高员工工作的积极性,关键在于老板们对人心、人性的透彻理解和把握。

所以,从这个角度上来讲,我们在做创业或管理时,也应该做到"用人不疑,疑人不用",但我们也应该视情况而定,如果对方是个反复无常的小人,那这样的用人原则是绝对不可以的,我们要的是可信任的人,这样的人应该放开手让他们展现才能。

观史悟道

如果你是组织管理者,难免会遇到用人的难题,李世民等人的用人不疑值得我们学习,既然用了某人,如果再去怀疑他,那么这个人知道后就不会再踏实卖力地为你工作。所以,如果你要用某人,还是给他足够的自由发挥的空间才好。

赵匡胤杯酒之间削大将兵权

宋太祖赵匡胤自从陈桥兵变黄袍加身当上皇帝后，常常担心他部下将军们对他不忠心，或者担心将军们的手下拥戴将军当皇帝。于是整天食不甘味，夜不安寝。

一次，赵匡胤单独找宰相赵普谈话说："自从唐朝末年以来，百年之中竟换了五个朝代，废帝自立的事情发生了八次，军阀们连年征战，不知道死了多少老百姓。这到底是为什么呢？"

赵普说："道理很简单。国家混乱，毛病就出在藩镇权力太大。如果把兵权集中到朝廷，天下自然太平无事了。禁军大将石守信、王审琦两人兵权太大，还是把他们调离禁军为好。"

宋太祖听了连连点头说："你放心，这两人是我的老朋友，而且我能够登上帝位全靠了他们，他们不会反对我。"

赵普说："我并不担心他们叛变。但据我看来，这两个人没有统帅的才能，管不住下面的将士。有朝一日下面的人闹起事来，也把黄袍披在他们身上，怕他们也身不由己呀！"

宋太祖听后吃了一惊，不禁敲敲自己的额角说："亏得你提醒我一下啊，看来我必须得想想办法了。"

过了几天，宋太祖在宫里举行宴会，请石守信、王审琦等几位老将喝酒。酒过几巡，宋太祖命令在旁侍者们退出。他拿起一杯酒，先请大家干了杯，说："我要不是有你们帮助，我也不会有现在这个地位。但是你们哪儿知道，做皇帝也有很大难处，还不如做个节度使自在呢。不瞒各位说，这一年来我就没有一夜睡过安稳觉。"

石守信等人听了十分惊奇，连忙问他为什么。宋太祖说："这还不明白啊？皇帝这个位子谁不眼红呀？"

石守信等听出话音后，连忙都跪在地上说："陛下为什么说这样的话？现在天下已经安定了，谁还敢对陛下三心二意？"

宋太祖摇摇头说："对你们几位，我还是很信得过的，但只怕你们的部下将士当中有人贪图富贵，把黄袍披在你们身上。那时候你们就是想不干，又能做得了主吗？"

石守信等听到这里，直感到要大祸临头，于是连连磕头，含着眼泪说："陛下，我们都是粗人，没想到这一点，请陛下指引一条出路啊。"

宋太祖说："我替你们着想，你们不如把兵权交出来，到地方上去做个闲官，我给你们田产房屋，让你们给子孙留点家业，快快活活度个晚年。我和你们结为亲家，彼此毫无猜疑，不是更好吗？"

石守信等听了如获大赦，齐声说："陛下给我们想得太周到了！"

酒席一散，大家各自回家准备辞职。第二天上朝时，每人都递上一份奏章说自己年老多病，请求辞职。宋太祖马上照准，收回他们的兵权，赏给他们一大笔财物，打发他们到各地去做闲官去了。

过了一段时期，又有一些节度使到京城来朝见。宋太祖在御花园举行宴会。太祖说："你们都是国家老臣，现在藩镇的事务那么繁忙，还要你们干这种苦差，我真过意不去！"

有个乖巧的节度使马上接口说："我本来没什么功劳，留在这个位子上也不合适，希望陛下让我告老回乡啊。"宋太祖顺势就答应了他，其他人也赶紧效仿这个人而辞了兵权。

宋太祖收回地方将领的兵权以后，建立了新的军事制度，从地方军队挑选出精兵，编成禁军，由皇帝直接控制；各地行政长官也由朝廷委派。通过这些措施，新建立的北宋王朝开始稳定下来。

宋太祖"杯酒释兵权"，对有功之臣们开诚布公，于论杯换盏之间便收回了功臣们的兵权，既避免了君臣之间的矛盾冲突，又巩固了自己的地位，真可谓是一举两得的上策。

诚实待人才会得拥护

诚实的人比诡诈的人更放松。他们没羁绊，也不设防，脸上没有机心重重的艰难神色，也不需要借助更多的辞令、表情，包括身态来解释自己。诚实的人把真话像石头一样卸到了别人的怀里，自己反得轻松，而这样的心境，才更容易发展自己。

赵匡胤意识到巩固自己宝座的重要性后，他没有对石守信等人采取"兔死狗烹"的铁血手段，而是打出了温和的"杯酒"牌。他开诚布公，说出了自己的心声，得到了石守信等人的理解。

诸葛亮可以说是中国历史上最聪明的人，他在辅佐刘备建立蜀国之后，开诚心，布公道，为众人所称颂，传颂至今。

近现代社会主义革命建设发展史上，马克思、恩格斯、毛泽东等作为社会主义事业的最明智的最伟大的开拓者，无不开诚布公于天下，他们公然申明，他们是为最广大人民群众的革命而服务的，他们是那样说，也确实是那样做的，所以为最广大人民群众所称颂。

大人物和做大事者，只有开诚布公，坦诚相见，才能成就事业。

诚实的人常常淡定从容，这类人的眼睛和口气使你无法怀疑话语的真实。他们可以坦诚地谈论自己的出身、处境和对事情的看法，使你感到所谓荣辱进退、尊卑显隐之间，有一个大的道理的存在。掌握这一道理的人敢以真面目示人。这样的人让人感到踏实牢靠。

观史悟道

《菜根谭》上说："君子之心事，天青日白，不可使人不知。"为什么一要使人必知？因为心事要能够公之于众，无非是出于两方面考虑，就是即对得起自己，又对得起他人。为人坦诚，真实也是一种美。君子坦荡荡，开诚布公免是非，真诚地示人，告诉对方自己并没有秘密，也是一种高明的处世之道啊！

蒋瑶不媚小人得重用

明朝时的官员蒋瑶，字粹卿，归安（今浙江湖州）人。明弘治十二年（1499）进士。为人清廉方正。正德时，历任两京御史。不久，出为荆州知府，筑黄潭堤，后调扬州知府。

在任扬州知府期间，皇帝明武宗有一次到扬州游玩，因为是皇帝出巡，当时朝中卫队和侍从都跟着出发，从北京到扬州需要停留六个站，每个站所需民夫差役约一万人，主管这件事的官员准备把夫役都集中在扬州，弄得这里人心惶惶。

蒋瑶考虑到这件事对老百姓的影响，就只在每站设置两千人，这样既不缺乏对皇帝的供应，又最大限度地减少对百姓的惊扰。

当时，明武宗宠信江彬和太监丘得这两个奸佞小人，他们仗皇帝之势对各地进行勒索，蒋瑶自然是他们的主要勒索对象。

一次，明武宗在外出游玩的时候钓到了一条大鱼，他开玩笑地说：这条鱼长这么大，真的很少见，至少值五百两银子！江彬一听，觉得这正是报复蒋瑶的好机会，当即请求皇帝恩准把这条大鱼赏给蒋瑶，但是要他拿银子买鱼。

蒋瑶一看便知是江彬要暗害他，可不买又不行，怎么办？看来只能装糊涂了，他便说回家向老婆要银子，不久后他拿夫人的首饰和绸缎衣服进献到皇帝面前说："微臣的府库里已经没有一串钱，所以没有办法多交，这些首饰衣服是贱内的，就暂时拿去充鱼资吧。"

明武宗看到蒋瑶是一个穷酸的儒生，又见到他拿自己夫人的衣物来，他就免了蒋瑶买鱼的银子了。江彬虽然恨得咬牙切齿也没有办法。

一计不成，江彬又生一计。一天，掌权的宦官发出文书，索取胡椒、苏木、奇香异品各若干种，而这些东西本地又没有，于是他们就想利用这个机会来刁难蒋瑶。蒋瑶要置办这些贡品势必要花很多的钱，如果不置办就是对皇帝的不敬，同样可以定罪，因此，蒋瑶如果不想花太多的钱又不想被定罪的话，就只有贿赂他们了。但是蒋瑶坚决不贿赂这些宦官小人，因此江彬等人要蒋瑶到其他的地方去买来供应皇帝。

于是，蒋瑶装糊涂地说："自古以来，供应皇帝的东西都是本地的特产，从来没有从外地买来供应皇上的道理。这些单子上列的东西都是出产在异域和偏远的地方的物品，却故意要让扬州供应，我还不知道有这样的事情。"江彬等人非常愤怒，要蒋瑶自己去向皇上回报这件事情。

蒋瑶写上禀帖，回复皇帝说扬州不产这些东西无法供应，并在下面注明：某物产于某处，扬州地处中土，产于偏远地方的东西扬州无法供应。因为蒋瑶写得有理有据，皇帝也没有责备他。

宦官们看到在富庶的扬州竟然没有捞到好处，非常不甘心，就又生出了一条计，一定要好好地难为蒋瑶。于是他们就奏明皇上要选宫女数百人，用来在皇宫伺候皇上，江彬等人要求要在民间进行选取。

蒋瑶不忍心惊扰百姓，就再次表现得很为难地对皇上说："扬州的女子都很丑陋，而且大量逃亡，如果一定要按皇上的旨意办，那么只有臣一个女儿可以进呈皇上。"明武宗知道他的为人，知他是为百姓着想，就下诏书不再选取宫女了。

蒋瑶不因江彬、丘得之流的权势而动摇，都巧妙地给他们顶了回去。明武宗死后，江彬等人被诛杀。嘉靖初，蒋瑶被任命为湖广、江西左右布政使，后累迁工部尚书，加太子少保。死后赠太子太保，谥恭靖。

假痴不癫，示拙用巧以制胜

要想不得罪小人，就要会掌控小人，而小人得志之时，就得想办法不让小人抓住自己的把柄，这个时候，装糊涂也是一种方法。

蒋瑶为了保护百姓，在斗勇斗智中就很讲究策略，用自己的智慧维护了自己与扬州百姓的利益，受到了大家的赞扬。在适当的时候，我们之所以要把自己的愚笨展示给别人，把自己弱的一面在众人面前表现，最终的目的就是为了蒙蔽对手，争取主动。因为"大智若愚"具有后发制人、出其不意的效果，在外交、谈判、经济等领域中均被广泛应用。

有三个日本人代表日本航空公司与美国的一家飞机制造公司谈判，日方为买方。美国公司为了抓住这次商业机会，挑选了最精明干练的高级职员组成谈判小组。谈判开始时双方并没有像常规谈判那样交涉问题，而是由美方展开了产品宣传攻势。他们在谈判室里挂满了许多产品图像，还印刷了许多宣传资料和图片。他们用了两个半小时，三台幻灯放映机，放映了好莱坞式的公司介绍。他们这样做，一是要加强自己的谈判实力，二是想向三位日本代表作一次精妙绝伦的产品简报。在整个放映过程中，日方代表静静地坐在里面，全神贯注地观看。

放映结束后，美方高级主管不无得意地站起来，扭亮了电灯。此时，他们脸上挂满了情不自禁的得意笑容，笑容里充满了期望和必胜的信念。美方代表里有一个人转身向三位显得有些迟钝和麻木的日方代表说："请问，你们觉得我们的产品怎么样？"不料一位日方代表说："抱歉，我们真的没有看懂。"这句话大大伤害了美方代表，他的笑容随即消失了，一股莫名之火似乎正往上顶。

他又问："你们竟然说没有懂？是这样吗？哪一点你们还不懂？"另一位日方代表则彬彬有礼微笑着回答说："我们全部没弄懂。"

美国的高级主管又压了压火气，再问对方："从什么时候开始你们不懂？"第三位代表严肃认真地回答："从关掉电灯，开始幻灯简报的时候起，我们就不懂了。"

于是美国公司的主管感到严重的挫败感。但为了商业利益，他又重放了一次幻灯片，这次速度比前一次慢多了。放完后他强压怒气问日方代表说："怎么样？该看明白了吧？"然而日方代表还是端坐在位子上，若无其事地摇摇头。美国的高级主管一下子泄气了，他灰心丧气地斜靠着墙边，松开他价值昂贵的领带，显得心灰意冷、无可奈何。

他对日方代表说："这样吧……那么你们希望我们做些什么呢？既然我们所做的一切你们都不懂。"这时，一位日方代表慢条斯理地将他们的条件说了出来，他说得非常慢，以至使美国高级主管像回答讯问似的，毫无斗志地斜坐在那里，稀里糊涂地应答着，他的思维已经紊乱了，原先坚持的信念被摧毁了，根本就没有做出什么有效反应，后来稀里糊涂地以己方的最底线接受了对方的条件。结果，日本航空公司大获全胜。

伟大的哲学家和思想家老子曾经说过："大勇若怯，大智若愚"，意思是本来胆子比谁都大的人，却表现得胆小如鼠；本来足智多谋的，却表现得糊涂透顶。如果你有这样的修为，那么别人就不容易真正地看懂你，也就难以击败你。

观史悟道

《三十六计》有一计名为"假痴不癫"，意思是有的时候，假装糊涂也是一种策略。现实生活中，面对一些人的故意刁难，没有必要与他们斗智斗勇，适当的时候糊涂应事，也许会取得意想不到的效果。

况钟示人愚笨察人而治

明代官员况钟是一位受人尊敬的清官，他字伯律，宜春靖安（今江西省靖安县）人，幼时家境贫寒，少时勤于学，长而学贯经史，为人不求富贵，但"秉心方直，律己清严，习知理义，处事明敏"。

况钟在靖安县衙任职时，职内事务，处理快捷，深得知县俞益的赏识，称赞他干练通敏，廉洁无私。

俞益与当时的尚书吕震相交不错，他便极力向吕震推荐况钟，吕震见到况钟也很喜欢，便调他在自己手下当差。

况钟此时虽是小吏，但头脑精明，秉公执法，办事可靠。吕震十分欣赏他的才干，便推荐他当主管，升郎中，后来又推荐他出任苏州知府。

况钟初到苏州府上时，为了看清府中人的品格，他假装对政务一窍不通，凡事问这问那。府里的小吏见他如此，个个怀抱公文围着况钟，请他批示。

况钟佯装不知，胡乱翻着公文，瞻前顾后地询问小吏，小吏说可行就批准，小吏不行就不批准，完全按小吏们的主张行事。

这样过了几天，小吏们不由个个乐得眉开眼笑，手舞足蹈，都说况钟真是个大笨蛋。

突然有一天，况钟召集全府上下官员，一改往日温柔愚拙之态，大声责骂道："你们这些人中，有许多奸佞之徒，某某事可行，却阻止我去办；某某事不可行，却怂恿我办，以为本官是个糊涂虫，耍弄本官，是可忍孰不可忍了！"说完一声令下，将其中的几个小吏捆绑起来一顿狠揍后，扔到街上，永不录用。

此举使余下的几个下属胆战心惊，原来知府大人心里明亮如镜，以前只不过是试验自己罢了。从此小吏们都一改拖拉、懒散之风，积极地工作，没有人敢徇私舞弊。

在况钟的治理下，没过多久，苏州便得到大治，百姓安居乐业，都赞扬况钟是个大清官。

况钟60岁时卒于苏州知府任上，去世之日，郡民罢市，如哭私亲，苏州七县的士绅，俱奔赴哭奠，就连邻近的松、常、嘉、湖的百姓都络绎不绝地前来吊丧。次年春的归柩之日，苏州倾城出送，白衣白帽，两岸夹舟，莫别送出苏州之境，还有奔程路祭的，一路不绝。朝廷也赠他正议大夫资治卿，祀名宦祠，准许城邑建祠以祀，春秋官府致祭。

示人愚拙，见机制敌

况钟为了看清下属们的品质，先用示愚的方法蒙蔽了刁钻的下属，待到时机成熟，一下展现出其睿智的本相，终将一批不良的小吏正法。况钟的做法就如同一个深藏不露的武林高手，在探明了对手的虚实后霍然"亮剑"，一招制敌，干净利落，让怀有不良之心的人为之胆寒。

古代大儒孟子就认为：只有点小聪明，而不知道君子之道，那就足以伤害自身。就是说故意显露一些小聪明，其实是最不明智的，不是早有"人怕出名猪怕壮"、"枪打枪头鸟"的训诫么？与孟子同时代的一个叫盆成括的人做了官，孟子却断言他的死期到了。后来盆成括果然被杀了。孟子的学生问孟子如何知道盆成括必死无疑。孟子说：盆成括这个人有点小聪明，但却不懂得君子的大道。这样，小聪明也就足以伤害他自身了。小聪明不能称为智，充其量只是知道一些小道末技。小道末技可以让人逞一时之能，但最终会祸及自身。

再如，《红楼梦》中的王熙凤，机关算尽太聪明，反误了卿卿性命，聪明反被聪明误。三国时的杨修恃才放旷，最终招致杀身之祸。他们的才华，大智者看来，其实只是小聪明。如果杨修知道他的聪明会给他带来灾祸，他还会耍小聪明吗？所以他的愚蠢处就在于他不知道自己的聪明一定会招来灾祸。这样的人是聪明吗？显然不是。

所以，真正聪明的人懂得掌握聪明的"度"，懂得过犹不及，在适当的时候会装愚守拙，深藏不露。

明朝思想家吕坤的《呻吟语》中有一段十分精辟的话："精明也要十分，只须藏在浑厚作用。古今得祸，精明者十居其九，未有浑厚而得祸者。今人之唯恐精明之至，乃所以为愚也。"也是在说最好的处世方式就是内精明而外深厚。

现在有很多人都认为做人要有心机，做事要精明等等，这其实并非智慧的处世之道。真正聪明而长久的处世之道是用真诚的心对待他人，用正义的心立身处世，能这样做的人才是真正聪明的人。

观史悟道

在陌生环境下，示人以拙的处世方法是很具智慧的，因为如果不懂隐藏，做事时偏要显山露水，显摆自己的聪明和棱角，让对手看得一清二楚，那么就不但不能击败对手，还有可能被对手瞅见空档而击败。

张居正任人唯能重振明朝

明朝万历年间的内阁首辅（相当于宰相）张居正是位杰出的政治家，他字叔大，号太岳，在任期间以其非凡的魄力和智慧，整饬政权人事，巩固社会基础，使奄奄一息的大明朝重新获得勃勃生机，可谓一代名臣。

明朝中后期的皇帝大多昏庸且不理朝政，至万历时，明朝统治已衰败不堪，张居正能将其由衰败中起死回生，与他能提拔贤才，知人善任是分不开的，他的用人方式，可说既实用而又富有特色。

有人研究后认为：张居正用人能重用循吏，慎用清流。所谓循吏，是指勤政利民，敢于任事的官员，但行事有时难免偏于严苛，刻薄寡恩，这类干部虽然人缘一般，但勇于开拓、甘当重任，属于中流砥柱型的人才。所谓清流，是指那些遇事不讲变通，一味寻章摘句的雕虫式人物，这些人讲求操守，敢与官场恶人抗抵，这些人往往名声极好，但他们好名而无实，缺乏慷慨任事的大气，可以担任政工类职务。

张居正担任宰相的十年间，大胆起用了戚继光、谭纶、李成梁、王崇右、方逢时等当时在群众中颇有争议的人物，而对于像清官海瑞这样的道德模范却不屑一顾。因为在他看来，治大国如烹小鲜，像海瑞这样的清流不仅难当治国重任，还会把"鱼"给烤糊了。

中国人大都知道《海瑞罢官》这部戏，大都知道海瑞抬着棺材给嘉靖皇帝上书的事。在那时，海瑞就已经成了一个清官形象的代言人。嘉靖皇帝看了海瑞的万言书后，非常震怒。不过他没有处死海瑞，但也不放过他，就关在大牢里不闻不问。嘉靖皇帝死了以后，是徐阶把海瑞从监狱里放了出来。

海瑞是一个非常理想化的人物。鉴于海瑞的名声，徐阶决定予以重用，他让海瑞到江南，当了应天府的巡抚，管南京周围几个最富的州府。海瑞在那两年期间，"当地的赋税减了三分之二，大户人家都跑了，没有了税源。"他自己非常清廉，八抬大轿也不坐，骑驴子上班。因为他是一把手，既然他骑驴子，那二把手能坐轿吗？因此都想办法调走。富人都很怕他，穷人和富人打官司，不管谁有理，肯定是富人输。但海瑞对行政管理的确缺乏经验。工作搞不上去，海瑞气得骂"满天下都是妇人"，后愤而辞职。

张居正当了首辅之后，让每一个三品以上的大臣都向朝廷推荐人才，其中有不少人写信推荐海瑞。当时的兵部尚书杨博就这个问题还专门找了张居正，希望他起用海瑞。但张居正就是不用他。为什么呢？他觉得海瑞是一个很好的人，道德、自律都很好，但好人不一定是好官。好官的标准是让朝廷放心，让苍生有福。海瑞做官有原则，但没器量；有操守，但缺乏灵活，因此有政德而无政绩。张居正不用他，还有一层原因：海瑞清名很高，如果起用，就得给他很高的职位，比他过去的职位还高，这才叫重用；如果比过去的职位还低，那就证明张居正不尊重人才。话又说回来，如果你给他更高的职位，他依然坚持他的那一套做法，岂不又要贻误一方？张居正想来想去，最后决定不用海瑞。

张居正用人内举不避亲，外举不避仇。张居正在还是副宰相的时候，就向当时当宰相的高拱多次举荐殷正茂出任两广巡抚，但受到了高拱的抵制，理由是殷正茂和张居正是同学。当时主持两广工作的是高拱的学生李延。这个李延贪鄙成性，中饱私囊，弄得人心大乱。张居正认为殷正茂处事果断，大有方略，乃栋梁之才，故不顾同学之嫌，极力举荐。最后终因李延案发，高拱丢车保帅，撤李换殷。殷正茂果然不负众望，很快就重振两广地区。

有个叫张佳胤的人是当时有名的才子，也是有名的能臣，是宰相高拱任用的人才，并且两人关系相当密切，而高拱却常常和张居正作对，张佳胤也常跟着起哄。高拱离任后，张佳胤怕遭到张居正的报复，办事有些消极，张居正接连去过两次信劝慰，他才打消疑虑，认真为国家办事。

张居正敢于打破论资排辈的传统偏见，不拘出身和资历，大胆起用人才，起用人才时，他主张"论其才，考其素"，对才能和品德进行全面考察。同时，他又注意到每个人的长处和短处，用其所长，避其所短。被他选中的各级干部都在改革中发挥了骨干作用。万历四年十月，明神宗审览了关于山东昌邑县官孙凤鸣贪赃枉法的报告后，问张居正：孙凤鸣科举出身，为何这样放肆呢？张居正说：孙凤鸣正是凭借他出身的资历，才敢这样放肆；以后用人，当视其才，不必问其资历。明神宗表示赞同。

经过张居正十年的苦心经营，大明王朝终于重新振兴，史称"万历新政"。

用人之道：辨才而任，各尽其能

如果你要创业，或者是位组织管理者，那么你就要知道有了人才还不能说万事大吉，关键还要看如何识才和用才。就像下棋的高手过招，就是看各自的棋子是否放在最有用的位置上，用人也是。

任人唯贤与任人唯亲，是两条对立的用人路线。历史上各个朝代，用贤还是用亲，时有侧重，完全视帝王是明还是昏而定。在历史上，明君必任人唯贤，而昏君必任人唯亲。

如唐太宗李世民，他同父亲李渊举兵起事后，好多有才能的人纷纷向他投靠。李世民都能认清他们的才能和长处，让他们在合适的位置上各尽职守。

在收伏了瓦岗寨起义军之后，李世民也得到了不少的武将，那么如何用好他们呢？他在心里非常清楚，要想把这伙因占山为王而自由惯了的人才打造成一支战斗力很强的队伍，就得让他们各司其职，就得让他们能明确自己的身份和义务。为此，他还制订一系列文臣武将的职责和义务，明确他们所应该做到的事情，让他们各司其职，人尽其才，这样这些人便都得到了很好的任用！

唐太宗在贞观初年曾对臣下说："以天下之广，岂能独断一人之虑；朕方选天下之才，为天下之务。"为了能广选天下贤能之士，唐太宗不计亲疏、门第，广开才路。他还对臣下说："吾为官择人，唯才是与。苟或不计，虽亲不用；如其有才，虽仇不弃。"

要做到任人唯贤，不光是要反对任人唯亲，而且还要反对任人唯资、任人唯全等陈旧观念，不一定按资排辈，而要注重德才第一、资历第二；

不能求全责备，而要用其所长。唐太宗手下的一些文武大臣中，有许多出身低贱的人，如尉迟敬德当过铁匠，秦叔宝原是个小军官，张亮出身于农夫，但都被唐太宗重用。由于太宗能够唯才是举，并能妥善地使用人才，所以他手下人才济济，文有魏征、房玄龄、杜如晦；武有李靖、李勣等，他们均为治国安邦的旷世英才。

良匠无弃材，明主无弃士。历史也已证明：凡能做到唯才是举的领袖人物，几乎都成功地建立了丰功伟业。因此，创业者必须以事业的发展前景为目标，克服任人唯亲，或以德论才，以文论才的用人倾向，才能使人才各有所用。

美国柯达公司在生产照相感光材料时，工人需要在没有光线的暗室里操作，因此培训一个熟练工人需要很长一段时间，但公司发现盲人可以在暗室里活动自如，只要稍加培训就能上岗，而且他们的工作要比正常人精细得多。柯达公司从此就大量招用盲人从事感光材料的制作，不但给盲人提供了岗位，而且也使公司的效率得到了极大的提高！

一个人的短处是可怕的，但如果利用好了，就成了长处！"容人之短，用人之长"，只要能达到改善管理、提高业绩的目的，只要不是极奸极滑，就要敢于任用！也只有这样，你才能扩大你的用人范围，才能发挥出你用人的最大功效！

观史悟道

用人之道讲究各司其职，各尽其用，所以我们用人时不能以一恶而忘其善，不能以小过而掩其功，功过分开，尽其所能。要知道每个人智慧有长短，能力有大小，要对才能低的不委以重任，能力小的不予重职，对智慧者取其谋，愚笨者取其力，勇敢者取其威，胆怯者取其慎，无智愚勇怯者则兼而用之。

皇太极感情投资得洪承畴

洪承畴是明末清初的著名将领，也是明清两朝重臣，字彦演，号亨九，出身明朝望族后裔，书香门第，文武兼备、骁勇善战、谋略过人，是明崇祯皇帝的股肱之臣。在明朝为官时，曾任职三边总督、兵部尚书、蓟辽总督，是袁崇焕之后，明朝镇压农民起义，抵御清军进攻的中流砥柱。

那时清朝刚开始兴起，他们的军队常常攻打明朝东北边境。为挽救辽东危局，1641年春，明廷遣洪承畴率军集结于宁远，与清兵会战。敌军势大，围攻宁远，而明朝将领各怀离心，洪承畴也指挥不力，他在宁远、松山等地坚持了半年后，被清军围困于松山，后来清军攻破城池，洪承畴被俘虏。

清军将洪承畴押到沈阳，他不投降，清太宗皇太极得知洪承畴好色，每日派10多个美女陪伴，也没效果。皇太极便派了范文程去劝，范文程本是明朝秀才，后来投靠了清朝为其卖命，这个时候已是皇太极的尚书，很有地位了。他到了洪承畴的囚所，洪承畴对他拍案大骂，说你背叛了大明，投降了清朝，你没有资格同我说话，范文程也不气，慢慢跟他讲古今的道理，还说大明气数已尽，应该归顺清朝，但洪承畴还是态度强烈，坚决不投降。

而在这个时候，房子上掉了一块尘土，掉在洪承畴的衣服上，洪承畴看这个灰尘落在自己衣服上，就把尘土很细心地掸掉了。范文程看到这个情节，马上就返回到皇宫去见皇太极，他跟皇太极说，他说洪承畴已经是快死的人了，房梁上掉下一块土，他掸掉了，他对自己的衣服尚且这么爱惜，可见他对他的生命会更爱惜，这个人想求生，不想死，可以劝降。

据说，皇太极为了感化洪承畴，还派自己的妃子大玉儿携人参汤到洪承畴的居所看望他。大玉儿见洪承畴闭目面壁，对自己毫不理睬，便娇嗔地说道:"洪将军,您对大明江山如此赤胆忠心,实在令人敬佩。将军即使绝食,难道就不喝口水而后就义吗?将军,您还是喝一口吧!"洪承畴望着这相貌迷人的大玉儿,听着这温柔劝话,闻着她诱人的女人香,顿时心神激荡,便喝了一口。美人不断劝饮,洪承畴不知这"水"是人参汤,盛情难却,竟连饮了几口,便觉下腹燥热难当,忍不住便大胆放肆起来,传说大玉儿当夜并没有走,而是在服侍洪承畴。

第二天,皇太极亲临关押洪承畴的地方,洪承畴仍不投降,立而不跪。皇太极便对他问寒问暖,见洪承畴衣服单薄,当即脱下自己身上貂裘,披在洪承畴的身上,关切地对他说:"看样子你觉得很冷吧。"洪承畴很是吃惊,他看了一会儿皇太极,心里在想:真是难得呀!明朝的崇祯皇帝不会这样子对待人的,于是心里十分感动,就答应皇太极投降清朝。皇太极不由大喜,说:"我今获一导者(向导),安得不乐!"

洪承畴随即剃发易服,归顺清朝,并被皇太极委以重任。后来,当得知那天夜里把壶劝饮的丽人是当今皇上最宠爱的大玉儿时,洪承畴不胜惶恐。可是皇太极和庄妃待他态度如常,好像根本没有发生此事一般。洪承畴越发感激,遂死心塌地为清效劳。

洪承畴本是明朝能臣,位高权重,口碑也不错,既为皇帝倚重,也受同僚和部下的推崇爱戴。他在松山兵败,明朝举国大震,都以为洪承畴必死无疑,崇祯皇帝极为痛悼,辍朝三日,以王侯规格"予祭十六坛",七日一坛,于五月十日亲自致祭,还御制《悼洪经略文》明昭天下。祭到第九坛时,消息传来:洪承畴降清了,御祭始罢。

皇太极对洪承畴的感情投资是收到了很大的效果的。洪承畴的投降,就像是倒下的第一块多米诺骨牌,极大地影响了明朝的官员,在与清军作战失败后,他们大多立即投降,清军入关后,更有很多军队将领不加抵抗便投降了。

至皇太极的儿子顺治时,他以洪承畴仕明时的原职衔任命他为太子太保、兵部尚书兼都察院右都御史,入内院佐理军务,授秘书院大学士,成为清朝首位汉人宰相。之后洪承畴对清朝的政治制度进行了大力的改革,完善了清朝的国家机器,他还促进满族人学习汉语,倡导儒家学说,兴修北方水利,也镇压了不少明朝的反清义士,为清朝统一全国贡献了很大的力量。

感情到，人思效，事好了

世界上什么投资花费最少，回报率却最高？很多人可能会回答和金融业相关的一些东西。但日本麦当劳的社长藤田田却说不是，他在所著畅销书《我是最会赚钱的人物》中谈到，他将他的所有投资分类研究回报率，发现感情投资在所有投资中，花费最少，回报率最高。

为什么会这样呢？因为人是最有感情的群体，朋友之情，恋人之情，父母之情，姐妹之情等等，都是人们难以割舍的情感。我们中国人也讲究"滴水之恩，报以涌泉"；"乘人之车者载人之患，衣人之衣者怀人之忧，食人之食者死人之事"。所以，拿出自己的感情投资，往往会收到更好更多的回报。

随着人们对"感情投资"认识的深入，这一方式已经成为现代社会人与人交往中非常重要的一项，也是现今非常流行的人际既往方式，就拿藤田田来说吧，他就非常善于感情投资，他每年支付巨资给医院，作为保留病床的基金，当职工或家属生病，发生意外，可立刻住院接受治疗，即使在星期天有了急病，也能马上送入指定的医院，避免在多次转院途中因来不及施救而丧命，有人曾问藤田田，如果他的员工几年不生病，那这笔钱岂不是白花了？藤田田回答："只要能让职工安心工作，对麦当劳来说就不吃亏。"

藤田田还有一项创举，就是把从业人员的生日定为个人的公休日，让每位职工在自己生日当天和家人一同庆祝，对麦当劳的从业人员来说，生日是自己的喜日，也是休息的日子，在生日当天，该名从业人员和家人尽情欢度美好的一天，养足了精神，第二天又精力充沛地投入到工作当中。

日本的企业家很重视企业的家庭氛围，在寻求和建立员工与企业之间的"情感维系的纽带"方面取得了丰富的经验，他们声称要把企业办成一个"大团队"，"大家庭"，因而注重为员工搞福利，为员工过生日，当员工结婚、晋升、生子、乔迁、获奖之际，都会受到领导的特别祝贺，这些做法使员工感到企业团队就是自己的家，他们当然愿意为之出力。

如藤田田对员工的信条就是：为职工多花一点钱进行感情投资，绝对值得，感情投资花费不多，但换来员工的积极性产生的巨大创造力，是任何一项别的投资都无法比拟的。

在日本，感情投资几乎可说是管理者的一项习惯，日本桑德里公司总裁岛井信治郎做的比藤田田更到位，他有一次听到员工抱怨："房间内有臭虫，害得我们睡不好。"结果他便在晚上一个人拿着蜡烛在屋子里抓臭虫，员工知道后都感动不已。

所以，感情做到位，人就会为你效力，事情就好办了。中国人的感情取向与文化传统决定了感情因素在中国人的心目中所占位置很重要，甚至决定了人们的行动目标和方式，即使在当今所谓"重物质轻精神"的时代，这种状况依然存在。所以感情投资对我们国人而言犹有显著效果。这也是我们处世为人方面需要努力做到的，即有利于他人，也有利于自己。

观史悟道

人是群居动物，在人生过程中，我们每个人都不得不和他人打交道，在亲人、恋人、朋友、老师、同学面前，我们会产生这样那样的感情，所以人是为感情而活的动物，即使是再理智的人也是如此，所以在对人的感情付出上，如果我们能多做一些，回报也是会很丰厚的。

第六章 创业与管理

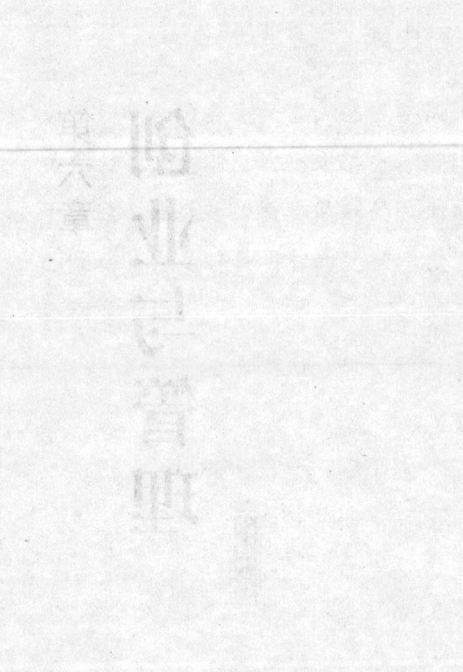

范蠡超前意识赚大钱

战国时的范蠡是个在各方面都很有才能的人,他是越王勾践的辅政大臣,在辅佐越王勾践灭掉吴国后,携西施及家人一起来到齐国的海边上,以打渔晒盐营生,很快便积累起千金,这里的人看他很有能耐,便把他推荐给齐国的国君,让他当国相,但范蠡无意于从政,便从齐国的海边上携家人搬迁到了"陶"(今山东定陶县)地,打算在这里隐姓埋名,再以经商致富。

但来到陶地后,范蠡并没有马上开店设铺,而是来到郊外的村子和家人一起身着粗衣,在地里耕种。

范蠡的仆人们对此都议论纷纷,大家都说:"咱家主公明明还有一些贵重珍宝,怎么不去陶邑买大房子,再买些奴隶来种地?"范蠡听到这些唠叨后无动于衷,后来范蠡的二儿子也忍不住了,去田间问父亲:"父亲,下人们多议论,我和大哥也商量了,咱们致富恐怕不能全凭苦力气耕田。你不是早说过这个地方地理位置好,适宜经商,可为什么不去城中,偏在这乡下下苦力种田呢?"

范蠡说:"孩子!我们初来乍到,人地两生,致富快了,反遭祸殃!今年是卯年,种谷必定收成好,我们一边种谷,一边收谷、贩谷,不起眼地干,富了也不引人注意,慢慢地将生意做大,万不可性急浮躁!不然就容易招祸患的。"二儿子听后半信半疑地走了。

到了秋天,果然是大丰收。全家人都开心地聚在一起庆祝丰收。范蠡却将两个儿子和管家召集在一起,说:"是我们行动的时候了。将多余之粮先卖一些，以遮人耳目。然后再收购附近几十里的粮食，我们要开始囤粮。"

众人不解地问："今年大丰收，为什么我们又要囤粮？"

范蠡说："再过两年就是巳年，'岁在巳'，属火，必是个歉收年。那时我们再卖，就可以得到极大的利润。"

果然，到了第三年，陶邑的谷价从每石二十钱的价格上涨到每石九十钱，范蠡靠着囤粮一下就赚了千金。

思想要超前，行动要稳健

范蠡在生活中能够注意观察气候的变化，适时投资，给自己带来了富有的生活，这也正是超前思维的威力所在。其实，在我们的实际生活中，也有许多地方需要我们以超前的意识、想法、计划来指导行动，如果你能坚持这么做的话，相信你不久就会发现自己的生活有了很多令人惊喜的变化。

人们都说隔行如隔山，但福建商界名人陈发树，这几年来涉足了不少行业却左右逢源。陈发树从卖杂货起家，到现在进行黄金开发，参股旅游，身为新华都实业集团董事长、武夷山旅游发展股份有限公司副董事长、紫金矿业的董事，生意越做越大，这都与他具有思想超前意识是离不开的，而其行事却甚为低调。

陈发树在1987年盘下一家杂货店。经过几年的经营，他在1995年开了现在的"新华都"，并逐渐发展壮大，成为中国百货商业协会第一个民营企业成员。此后，陈发树旗下的火车站新华都商城、厦门湖里区商场、五四路新华都购物广场等相继成立。

新华都在1997年将属下的部分优质资产进行改制重组，诞生了新华都实业集团股份有限公司。新华都实业以百货业为主，同时投资工程机械、酒店等行业。

陈发树在1999年率先引进"一站式大型仓储超市"这一国外最新零售业新兴业态，以低价买下一楼盘创建新华都购物广场，以备战加入世贸后本土零售业将要面临的变革。

2003年,福建紫金矿业股份有限公司在香港联交所主板上市,这是国内首家在香港H股上市的黄金企业,而上市后,陈发树成了最大的自然人股东。他的过人胆量和超前思想,为他带来了丰厚的回报。

经过数年的稳健发展,陈发树创办的企业开始进入高速扩张期,并进军房地产业。陈发树称,进军房地产,实施多元化战略,可与商场百货业形成互补,共同发展。

此外,陈发树又先人一步,进入旅游业。2003年11月成立福建武夷山旅游发展股份有限公司。

陈发树的创业经历告诉我们,凡事能看得更远,思想更超前,并做到冷静观察,沉着应付,也才好有所作为。

观史悟道

古代先哲有言:"不谋万世者,不足谋一时;不谋全局者,不足谋一域。"杰出的战略家总是善于高瞻远瞩,深谋远虑,总是为国家的长治久安和民族的久远大计而思谋划策,运筹帷幄。我们做事情也一样,为长久计,唯有能登高望远。

公孙鞅赏罚分明行变法

战国初期时,位处中原西面的秦国在政治、经济、文化各方面都比中原各诸侯国落后。公元前361年,秦国的新君秦孝公即位。他下决心发愤图强,首先搜罗人才。他下了一道命令,说:"不论是秦国人或者外来的客人，谁要是能想办法使秦国富强起来的，就封他做官。"

秦孝公这样一号召，果然吸引了不少有才干的人。有一个叫公孙鞅（就是人们常说的商鞅）的卫国人。本来在魏国做个小官，因为觉得在魏国得不到重用，就跑到秦国求见秦孝公。他对秦孝公说："一个国家要富强，必须注意农业，奖励将士；要打算把国家治好，必须有赏有罚，这样朝廷就有了威信，一切改革也就容易进行了。"

秦孝公完全同意公孙鞅的主张，可是秦国的一些贵族和大臣却竭力反对。秦孝公一看反对的人这么多，自己刚刚即位，怕闹出乱子来，就把改革的事暂时搁了下来。

过了两年，秦孝公觉得君位坐稳了，就拜公孙鞅为左庶长，并对大家说："从今天起，改革制度的事全由左庶长拿主意。"

公孙鞅起草了一个改革的法令，但是怕老百姓不信任他，不按照新法令去做。就先叫人在都城的南门竖了一根三丈高的木头，并宣布下命令说："谁能把这根木头扛到北门去，就赏十两金子。"

不一会，南门口围了一大堆人，大家议论纷纷。有的说："这根木头谁都拿得动，哪儿用得着十两赏金？"有的说："这大概是左庶长成心开玩笑吧。"大伙儿你瞧我，我瞧你，就是没有一个敢上去扛木头的。

公孙鞅知道老百姓还不相信他下的命令，就把赏金提高到五十两。没有想到赏金越高，看热闹的人越觉得不近情理，仍旧没人敢去扛。

正在大伙儿议论纷纷的时候，人群中有一个人壮着胆子跑出来说："我来试试。"说完便小心翼翼地把木头扛到北门去了。

公孙鞅便立刻派人赏给扛木头的人五十两金子，一分也没少。大家看了既羡慕又吃惊，这件事立即传了开去，一下子轰动了秦国。老百姓都说："左庶长的命令言出必行啊。"

公孙鞅知道，他的命令已经起了作用，就把他起草的新法令公布了出去。新法令赏罚分明，规定官职的大小和爵位的高低以打仗立功为标准。贵族没有军功的就没有爵位；多生产粮食和布帛的，免除官差；凡是为了做买卖和因为懒惰而贫穷的，连同妻子儿女都罚做官府的奴婢。

秦国自从公孙鞅变法以后，农业生产增加了，军事力量也增强了。不久，秦国进攻魏国的西部，从河西打到河东，把魏国的都城安邑也打了下来。

公元前350年，公孙鞅又实行了第二次改革，改革的规模很大，引起贵族们和他激烈地斗争。许多贵族、大臣都反对新法。有一次，秦国的太子犯了法。公孙鞅对秦孝公说："国家的法令必须上下一律遵守。要是上头的人不能遵守，下面的人就不信任朝廷了。太子犯法，他的师傅应当受罚。"

结果，公孙鞅把太子的两个师傅公子虚和公孙贾都办了罪，一个割掉了鼻子，一个在脸上刺上字。这一来，一些贵族、大臣都不敢触犯新法了。

这样过了十年，秦国果然越来越富强，周天子打发使者送祭肉来给秦孝公，封他为"方伯"，中原的诸侯国也纷纷向秦国道贺。魏国也不得不割让河西的土地给秦国，并把国都迁到大梁（今河南开封）。

有赏有罚，诚信做事

任何一个社会、集体或组织，其管理要想做得好，就要能在对人的奖励和惩罚上做得好。奖励可促进人积极工作，为组织发展加倍努力，对先进者进行表彰，吸引更多后进者努力；惩罚则可警示和监督大家不要做对企业不利的事情，对个别违反者加以适当处罚，以儆效尤，使欲犯者止步或避免重蹈覆辙。

而奖罚得当的目的是什么？其实正是要表明组织者在管理上是很守信用的。

在上面的故事中，公孙鞅是如何把秦国的变法改革开展起来的呢？正是靠讲信用。

孔子早在两千多年前就告诉我们："人而无信，不知其可也。"林肯也说："一个人有可能在某一个时刻欺骗某一个人或者所有的人，但绝不可能在所有时候欺骗所有的人。"我们要想顺利地做事业，交朋友，就必须讲信用。

时常失信于他人的人，内心还能坦然信任他人吗？还能取信他人吗？

也是不能的！一家宾馆的总经理曾讲过这样一件事："曾经有个做销售很成功的经理应聘我们宾馆的营销部经理，他对我说他可以把他现就职宾馆的客户档案、合同资料都带过来，但我认为他心地不良，是'为人谋而不忠'，能力虽强却言而无信。我最后没有聘他。因为这人既然能出卖原先的公司，一旦受到某种诱惑，怎么能让人相信这个人不会出卖现在的公司呢？人犯点错误不要紧，但如果心地坏了，就没救了。"

《春秋谷梁传》中说："言之所以为言者，信也；言而不信，何以为言？"一个视信誉为生命的人会不折不扣地履行他的诺言，会诚心地与人合作，会一丝不苟地完成老板交代的任务，这样的人，谁又会不喜欢呢？

某宾馆有位员工曾经因事先未搞清楚租车的费用，承诺了一个比市场低60%的价格，因为承诺在先，于是该员工贴钱践诺，而这位客人知道后非常感动，成为了这家宾馆最忠实的客户。宾馆知道这件事后，主动报销了该员工贴上的钱，还另外奖励了这位员工。

社会是由众多的人和组织组成的，我们身处一个组织之中，一个谎言会失去上司、同事、下属、客户对你的尊重；一次失信也会失去他们对你的信任。因此，要想拥有诚信的信誉，自己首先就要不做任何欺诈和虚假行为，而应努力在公司内外赢得信誉以加强自己的诚信素质，这样才能赢得职场胜利。因为只有那些不造假、不行骗、讲信誉并且视信誉为生命的人，人们才敬重他，公司才愿意聘用他，别人也才能与他精诚合作，并且这只有这样的人才更容易得到幸福和成功。

观史悟道

在生活和工作中，我们一定要避免一切的虚假和伪装，因为爱耍小聪明、爱占便宜的人总想占便宜，占一切人的便宜，占规则的便宜，结果往往是把自己的活动空间搞得越来越狭小，为了小小的眼前利益而丢失了长远的利益，这就是聪明反被聪明误。

周亚夫治军严整得重用

西汉建立初期，中原一带因受了秦末战乱的影响，生产力没有恢复，人口也不够多，战力不够强盛，便经常受到北方匈奴游牧民族的欺凌，汉朝廷只好采取对匈奴和亲的政策，双方倒也没有发生大规模的战争。到了汉文帝时期，国家安定，百姓生活富足，但北方的匈奴人仍然一直骚扰汉朝北方地区，汉文帝觉得军力还不足以与匈奴来去无踪的骑兵争强，只好仍然采取和亲政策。而这时匈奴人的胃口却被养得越来越大，他们羡慕汉朝的富足，便更加频繁地攻打汉朝边境。

公元前158年，匈奴的军臣单于起兵六万，侵犯上郡（治所在今西榆林东南）和云中（治所在今内蒙古托克托东北）两地，杀了不少老百姓，抢掠了不少财物。汉朝边境的烽火台都放起烽火来报警，远远近近的火光，连长安也望得见。

汉文帝听到匈奴入侵的消息后，连忙派三位将军带领三路人马去抵抗；为了保卫长安，另外派了三位将军带兵驻扎在长安附近：将军刘礼驻扎在灞上，徐厉驻扎在棘门（今陕西咸阳市东北），周亚夫驻扎在细柳（今咸阳市西南）。

有一次，汉文帝亲自到这些地方去慰劳军队，顺便也去视察一下军风军纪。他先到灞上，刘礼和他部下将士一见皇帝驾到，都纷纷骑着马来迎接。汉文帝的车驾闯进军营，一点没有受到什么阻拦。

汉文帝慰劳了一阵走了，将士们忙不迭欢送。接着，他又来到棘门，受到的迎送仪式也是一样隆重。最后，汉文帝来到细柳。周亚夫军营的前哨一见远远有一彪人马过来，立刻报告周亚夫。将士们披甲上马，弓上弦，刀出鞘，完全是准备战斗的样子。

汉文帝的先遣队到达了营门。守营的岗哨立刻拦住，不让进去。先遣的官员威严地吆喝了一声，说："皇上马上驾到！"营门的守将毫不慌张地回答说："军中只听将军的军令。将军没有下令，不能放你们进去。"

官员正要同守将争执，文帝的车驾已经到了，守营的将士照样挡住。汉文帝只好命令侍从拿出皇帝的符节，派人给周亚夫传话说："我要进营来劳军。"

周亚夫下命令打开营门，让汉文帝的车驾进来。护送文帝的人马一进营门，守营的官员又郑重地告诉他们："军中有规定：军营内不许车马奔驰。"

侍从的官员都很生气。汉文帝却吩咐大家放松缰绳，缓缓地前进。到了中营，只见周亚夫披戴着全身盔甲，拿着兵器，威风凛凛地站在汉文帝面前，拱拱手作个揖，说："臣盔甲在身，不能下拜，请允许按照军礼参见。"

汉文帝听了，大为震动，也扶着车前的横木欠了欠身，向周亚夫表示答礼。接着，又派人向全军将士传达他的慰问。慰问结束后，汉文帝离开细柳，在回长安的路上，汉文帝的侍从人员都愤愤不平，认为周亚夫对皇帝太无礼了。

但是，汉文帝却赞不绝口，说："这才是真正的将军啊！灞上和棘门两个地方的军队，松松垮垮，就跟孩子们闹着玩儿一样。如果敌人来偷袭，不做俘虏才怪呢，像周亚夫这样治军，敌人怎敢侵犯他啊！"

过了一个多月，前锋汉军开到北方，匈奴退了兵。防卫长安的三路军队也撤了。

汉文帝在这一次视察中，认定周亚夫是个军事人才，就把他提升为中尉（负责京城治安的军事长官）。

第二年，汉文帝得了重病，临死的时候，他把太子刘启叫到跟前，特地嘱咐说："如果将来国家发生战乱，叫周亚夫统率军队，准错不了。"

汉文帝死后，刘启即位，他就是汉景帝。景帝年间，爆发了以吴王刘濞为首的"七国之乱"，景帝派周亚夫平叛，周亚夫以奇兵制胜，只用了三个月，便彻底平定了叛乱。

第六章 ◎ 创业与管理

☁ 团队纪律不可少，和谐发展得共赢

一支富有战斗力的军队，必定有铁一般的纪律；一个合格的士兵，也一定具有强烈的纪律观念。对团队而言，如何执行是一门大学问，但纪律是不可缺少的，它是保证执行力的先决条件。所以，纪律的严明更应该体现在服从与执行上面：下级服从上级、部门服从公司、公司服从集团，对上级布置的工作必须不折不扣地执行。

我们每个人都需要参与到某个团队之中，而一个团队如果没有纪律，就不能称其为团队。任何一支伟大的团队，必然拥有严明的纪律和一群非常遵守纪律的成员。其实，每个团队建立之初的第一件事情，就是制定明确的纪律规范。纪律，才是团队文化的精髓。没有规矩不成方圆。

海尔有着著名的"13条"纪律，包括不许打骂人、不许在工作时间抽烟喝酒、不许在车间大小便。现在看起来的荒唐笑话，却是当年工厂实实在在的情形，由此可以想像那时海尔员工的整体素质水平。那么是什么改变了海尔人？就是纪律！

海尔空调器总公司是海尔集团大型骨干企业之一，其前身为青岛空调器厂，因资不抵债被并入海尔。最初，被兼并企业的这些员工人心涣散、作风懒散。针对这种管理松散的状况，海尔出台了一系列严格的管理措施，抓现场的、抓纪律的、抓管理的……严明的纪律使得整个空调厂脱胎换骨成为了一个生机勃勃的现代化企业。

在总裁张瑞敏眼里，由众多大公司集合起来的集团运作，需要一种有纪律的计划和行动，以便统一面对市场，实现卓越经营，所以海尔从创立之初就非常强调员工的纪律意识。现在，海尔的员工很少有上班迟到的。为了不迟到而打的去上班，这被看作是天经地义的事情，因为如果不及时赶到，便是违反了纪律。

波士顿咨询公司的全球总裁保罗·博克纳曾经说："在不确定的时代下，中国企业必须明白战略计划是个不断更新的过程。中国很多企业其实具有很好的战略，但缺乏执行，很多好的战略并没有付诸实施或实施不到

位。中国企业要进行战略管理必须注意的三条原则就是：要有优秀的人才，要很努力地工作，具有良好纪律。"这就是著名的"不确定时代下的企业管理三原则"。

在国内企业界，很多成功大企业的领导者都曾经有过军旅生涯，海尔、华为和联想的领导人张瑞敏、任正非和柳传志都当过兵，他们的共同点是创业初期都纪律严明，实施严格管理，对制定的路线和方针必须坚决执行，管理上必须绝对服从，不讲客观，不讲条件，不讨价还价，上下思想统一，步调一致，就像军队一样。联想还形象地把这些比喻成"斯巴达克方阵"。这样的严明纪律确实是他们取得成功的重要因素。

在联想集团，治军严谨的柳传志规定，凡是召开会议，所有的人都不准迟到，否则，迟到者就将被责令在前面站上一分钟，会议也停下来奉陪。据说有一次，柳传志迟到了，他二话不说，在前面站了一分钟后再来主持会议。这一做法数十年如一日。如今联想开会时，依然会看到有一两个人是"挂"在那儿的。联想的纪律还体现在每年上千人的誓师大会上，全体全神贯注地开会，绝对听不到手机铃声。

任何企业家都想带出一支作风过硬、纪律严明、特别能吃苦、特别能战斗的职工队伍。但想要将一群人变成一个十分具有战斗力的团队，就得加强团队的纪律建设。团队是所有团队成员的集合，从一盘散沙到具有战斗力和凝聚力的团队，靠的就是纪律。

所以，铁的纪律是一个团队能够生存与战斗的保障，自由散漫永远不会打造出一流的员工，只有纪律才能保证一个企业是优秀的团队。一个优秀的人，也必须是一个讲组织纪律的人，这样的人任何团队都会欢迎，而一个团队之中，也只有大家都能讲纪律，这个团队才能团结、和谐，才能有强大的战斗力。

观史悟道

毛泽东说过："加强纪律性，革命无不胜。"在现代社会中，我们必须融入某些团队之中才能更好地生存和发展，而团队是人的组合，人都有自己的思想和行为。但是团队却要力求避免这种个人的思想和行为的自由发散，要求步调一致，这样才能最大限度地凝聚起团队的战斗力，而要做到这一点，就要求我们每个人都加强纪律性。

曹操以身作则严以治军

东汉末年，曹操统一了北方以后，看到中原一带由于多年战乱，人民四处流散，田地荒芜，就采纳部将的建议，下令让军队的士兵和老百姓实行屯田。很快，荒芜的土地种上了庄稼，收获了大批的粮食。有了粮食，老百姓安居乐业了，军队也有了充足的军粮，为进一步统一全国打下了物质基础。

看到这一切，大家都很高兴。可是，有些士兵不懂得爱护庄稼，常有人在庄稼地里乱跑，踩坏庄稼。曹操知道后很生气，他下了一道极其严厉的命令：全军将士，一律不得践踏庄稼，违令者斩！从此，部队行军训练十分谨慎，遇有麦场，骑兵下马而行。百姓见状均交口称赞。

将士们都知道曹操一向军令如山，令出必行，令禁必止，绝不姑息宽容。所以此令一下，将士们小心谨慎，唯恐犯了军纪。将士们操练、行军经过庄稼地旁边的时候，总是小心翼翼地通过。有时，将士们看到路旁有倒伏的庄稼，还会过去把它扶起来。

有一次，曹操率领士兵们去打仗。那时候正好是小麦快成熟的季节。曹操骑在马上，望着一望无际的金黄色的麦浪，心里十分高兴。

正当曹操骑在马上边走边想问题的时候，突然"扑哧哧"，从路旁的草丛里窜出几只野鸡，从曹操的马头上飞过。曹操的马没有防备，被这突如其来的一切吓惊了，马嘶叫着狂奔起来，跑进了附近的麦子地。等到曹操使劲勒住了惊马，地里的麦子已经被踩倒了一大片。看到眼前的情景，曹操把执法官叫了来，十分认真地对他说："今天，我的马踩坏了麦田，违犯了军纪，请你按照军法给我治罪吧！"

听了曹操的话，执法官犯了难。按照曹操制定的军纪，踩坏了庄稼，是要治死罪的。可是，曹操是主帅，军纪也是他制定的，怎么能治他的罪呢？想到这，执法官对曹操说："丞相，按照古制'刑不上大夫'，您是不必领罪的。"

"不行！"曹操说，"如果大夫以上的高官都可以不受法令的约束，那法令还有什么用处？何况这糟蹋了庄稼要治死罪的军令是我下的，如果我自己不执行，怎么能让将士们去执行呢？"

执法官迟疑了一下，说："丞相，您的马是受到惊吓才冲入麦田的，并不是您有意违犯军纪，踩坏庄稼的，这处罚还是免了吧！"

"不！这绝对不行！军令就是军令，不能分什么有意无意，如果大家违犯了军纪，都去找一些理由来免于处罚，那军令不就成了一纸空文了吗？军纪人人都得遵守，我怎么能例外呢？"

执法官头上冒出了汗，他想了想又说："丞相，您是全军的主帅，如果按军令从事，那谁来指挥打仗呢？再说，朝廷不能没有丞相，老百姓也不能没有您呐！"众将官见执法官这样说，也纷纷上前哀求，请曹操不要处罚自己。

曹操见大家求情，沉思了一会说："那好吧，我想了想，因为我是主帅，治死罪也不恰当。不过，死罪没有，活罪却不能免，我想就用我的头发来代替我的首级吧！"说完他拔出了宝剑，割下了自己的一把头发，掷在地上，以代斩首，接着又下令传谕三军：统帅战马践踏麦苗，本当斩首，众将不允，遂割发代首，务望全军将士严守军法。

不久，曹操统率这支严格训练、严明军纪的二万精兵，一举击败袁绍十万大军，取得了官渡决战的胜利。

遵守原则要从我做起

我们常说组织领导者要"严以律己"。国有国法,家有家规,组织也有自己的"纪律",个人也有自己的做人准则,这里的准则其实就是对自己的高要求,严格要求自己,做到自我批评和自我检讨,但这对很多人来说都是比较难的。

不过,现实生活中的情况总是千差万别的,由于每个人的条件不同,所受的教育程度不同,所经历的环境不同,人们对社会规范的认识、对个人自律的理解也会有所不同,肯定有些人一时还做不到或还不能很好地严于律己。还有一些人在某种特殊情形下,自律的防线会渐渐崩溃,因此,需要我们充分认识并积极宣传个人自律的意义。

1996年,河南省鹤壁市浚县一中女学生唐黎摘取了省高考文科状元的桂冠。然而对唐黎一家来说,这个好消息带给他们的却是亦喜亦忧——喜的是,以如此优异的成绩,考上第一志愿北京大学已经万无一失;而忧的是,去学校上学总计需要上万元。

唐黎的母亲是位收入不足二百元的民办教师,父亲是农民,属于典型的贫困家庭,家里一时间实在难以将这笔钱凑齐。

正在这时,一桩"好事"找上门来——河南北部有家生产口服液的企业得知唐黎是全省高考文科状元,专程派人赶到她家,以一万元的价码,请她在报刊、广播、电视上为他们做广告,说是服了他们厂生产的健脑口服液之后,才使记忆力增强,头脑清醒,思维敏捷,最终考了文科状元。他们还许诺,只要广告产生了巨大的经济效益,还将再支付给她一笔巨款。对于迫切需要钱交纳学费的唐黎来说的确是个大喜讯了。

可是,面对厂家的劝说和许诺,唐黎一家经过认真思考之后,没有被金钱所打动,拒绝了做任何形式的虚假广告。唐黎对厂家来人说:"俺家清贫,上中学的费用也是父母东拼西凑的,俺从来也没有喝过健脑口服液之类的营养品,也根本喝不起。是学校强化教学质量和老师的辛勤教导,加上自己刻苦攻读,才取得了这样的好成绩。如果我为了贪图钱财而说瞎话，我今后在社会上怎么做人？"厂家无奈，只好失望离去。

唐黎此举的可贵之处，在于她真正做到了严于律己。她尽管只是一个普通的学生，但她在恪守不说假话的道德规范方面，在清醒的自我意识和强烈的社会责任感方面，她已经远远超过了某些名人，是一个值得大家尊敬的人。

一个人主观上认同那些有益于个人和社会的规范，并有意识地以此严格要求自己，约束自己，这就是严于律己。人为什么要严于律己呢？不但是因为要做给人看，要以身作则，也是更好地生存生活的需要。

观史悟道

严于律己，其实对我们的好处是相当大的，在一个组织中，严于律己，才能令出必行；对个人而言，对自己严一点，于人于人也都会有好的回报。孟子说："富贵不能淫，贫贱不能移，威武不能屈，此谓之大丈夫。"这也是在告诫人要自律以修身。

曹操集团善于合作击败袁绍集团

东汉建安元年，大军阀曹操把汉献帝挟持到许昌，形成"挟天子以令诸侯"的局面，在时局中取得了政治上的优势。建安二年（197年）春，袁术在寿春（今安徽寿县）称帝。曹操即以"奉天子以令不臣"为名，进讨袁术并将其消灭，接着又消灭了吕布，利用张杨部内讧取得河内郡。从此曹操势力西达关中，东到兖、豫、徐州，控制了黄河以南，淮、汉以北大部地区,从而与袁绍形成沿黄河下游南北对峙的局面。

当时袁绍的兵力远远胜过曹操,自然不甘屈居于曹操之下,他决心同曹操一决雌雄。建安四年(199年)六月,袁绍企图南下进攻许昌,官渡之战的序幕由此拉开。

袁绍举兵南下的消息传到许昌,曹操部将多认为袁军强大不可敌。但曹操却根据他对袁绍的了解,认为袁绍志大才疏,胆略不足,刻薄寡恩,刚愎自用,兵多而指挥不明,将骄而政令不一,于是决定以所能集中的数万兵力抗击袁绍的进攻。

建安五年(200年)正月,袁绍派陈琳书写檄文讨伐曹操。二月进军黎阳,他首先派颜良进攻白马的东郡太守刘延,企图夺取黄河南岸要点,以保障主力渡河。四月,曹操为争取主动,求得初战的胜利,亲自率兵北上解救白马之围,终于击败袁军,顺利退回官渡。

袁军初战失利,但兵力仍占极大优势。七月,袁军进军阳武(今河南中牟北),准备南下进攻许昌。八月,袁军主力接近官渡,此时双方的军队相决于官渡,曹操军七万,占了地利和人和,袁绍军虽有大军七十万,双方却也久决不下。

袁军依沙堆立营,东西宽约数十里。曹操也立营与袁军对峙。九月,曹军一度出击,没有获胜,退回营垒坚守。袁绍构筑楼橹,堆土如山,用箭俯射曹营。曹军依谋士刘晔之计制作了一种抛石装置的霹雳车,发石击毁了袁军所筑的楼橹。袁军又掘地道进攻,曹军也在营内掘长堑相抵抗。双方相持三个月,曹操军力不济,粮草匮乏,运输困难,前方兵少粮缺,士卒疲乏,后方也不稳固,几乎失去坚守的信心,因此意欲退兵,犹豫未决,便写信问手下谋士荀彧应如何决断。荀彧回信为其分析曰:"公以至弱当至强,若不能制,必为所乘,是天下之大机也……公今画地而守,扼其喉而使不能进,情见势竭,必将有变。此用奇之时,断不可失。"

曹操观信大喜,遂令将士效力死守,下决心与袁绍一决高下。而在袁绍的阵营中,极具智慧的谋士田丰却被袁绍关在牢狱之中;审配想着搞掉许攸,逢纪想着暗害田丰;许攸向袁绍献计直取许昌,此计本可一战而定,但却不被袁绍所用,许攸也差点被袁绍所杀;沮授虽想到曹操可能火烧乌巢，但他加强提防的建议却未被袁绍采纳，自己还被关到狱中；乌巢被烧之后，郭图又暗中捣鬼，迫使张郃、高览二将投降了曹操。不但袁绍不能用人，其集团内部又如此勾心斗角，其失败当也在情理之中。

在袁绍的强大军事压力之下，曹操及其属下虽心有戚戚，然终都能齐心协力，献计献策，后袁绍军中的许攸来投，曹操竟跣足出迎，许攸献计火烧袁绍乌巢之粮，又献分兵计大破袁军，曹操集团上下一心，终使曹军以少胜多，取得了官渡之战的胜利。

一个篱笆三个桩，一个好汉三个帮

曹操之所以能在官渡战胜袁绍，正是由于其群策群力的能力比袁绍高。在董卓的势力消亡后，袁绍的实力原本最大，可惜他不能与下属群策群力，他既不能用人，又不能阻止手下勾心斗角。他与袁术兄弟二人尚且反目，其旗下第一谋士田丰的计策可谓高明，但终不为所用，后还被其所杀。

俗话说："一个篱笆三个桩，一个好汉三个帮。"如果一个人不能与他人齐心协力，那么他就不能得到别人很好的帮助，也不可能与他人很好地合作，这样的人不但干不了大事情，恐怕连生存下去都很难。

对一个集体来说，其成员能否群策群力更是决定其集体凝聚力和战斗力的最重要因素。如果你是某个集体中的一员，能处处为集体着想，并能与其他成员做好协调配合，共同为集体的发展贡献力量，那么你就会成为集体中受欢迎的一员，这种精神还会激励大家团结奋进，你所在的集体也会因大家的共同努力而发展壮大。

在一个家庭中，家庭成员不能齐心协力，是家庭不和睦与家道不兴盛的主要原因。古语有云：父子和而家不败，兄弟和而家不分，夫妻和而家道兴！因此，一个家庭中唯有其成员能齐心协力，这个家庭才能幸福美满，充满欢乐。

不能群策群力者也必为社会所不容，一个不善于与他人进行沟通、交流、合作的人，无疑是不适应这个社会的。如果你想成就自己的一番事业，那么你更需要能群策群力。每个成大事者都是依靠群策群力才成功的，这几乎是一条哲理。古往今来，几乎所有的成功者都证明了群策群力是更快更好地达到成功的无价之宝。不论你身处何地，情况如何，打算做什么，你都需要能掌握与他人群策群力的技巧，这是我们生存和发展的必备工具，是追求幸福与成功，实现人生价值的最好法宝。

观史悟道

无论对个人，还是对社会、国家，群策群力都很重要。我们每个人和自己所在的团队一起群策群力，我们才能幸福生活、认真工作、事业有成，才能成为一个能团结他人的受欢迎的人，才能更好地实现自己的价值，才能对家庭、集体、社会、国家做出更大的贡献。

刘备征东吴兵败夷陵

东汉建安二十四年，蜀将关羽败走麦城，之后被东吴所杀，其兄长刘备就一直想替他报仇。

夷陵之战前，曹操的儿子曹丕篡夺汉献帝的皇位，建立魏国，自称魏文帝。汉室宗亲刘备非常恼怒，为传续汉室，他在西蜀称帝，即汉昭烈帝。刘备企图为关羽报仇，夺回荆州，便积极备战。曹丕见到孙刘联盟内部分化瓦解，心里十分高兴，并乘机煽风点火，多方寻找机会以加剧吴蜀之间的矛盾冲突，好坐收渔人之利。

蜀汉方面的诸葛亮、赵云等绝大多数大臣、将领都看到了大举攻吴对蜀不利，因此再三规谏刘备不要出兵攻吴。但是，正在气头上的刘备丝毫也听不进这些意见。

孙权夺得了荆州之后，为了巩固既得利益，也不愿再加剧吴蜀之间的冲突，曾两次遣使主动向刘备求和，但均为刘备断然拒绝。任东吴南郡太守的诸葛亮之兄诸葛瑾也曾给刘备写信，向他陈说利害，希望刘备停止攻吴行动。刘备同样置之不理。于是在221年7月，刘备亲率蜀汉军队七十多万人，对吴国发动了大规模的战争。

由于吴国得了荆州，当时吴蜀两国的国界已西移到巫山附近，长江三峡成为两国之间的主要通道。刘备派遣将军吴班、冯习率领四万多人为先头部队，夺取峡口，攻入吴境，在巫地（今湖北巴东）击破吴军李异、刘阿部，占领秭归。为了防范曹魏乘机袭击，刘备派镇北将军黄权驻扎在长江北岸，又派侍中马良到武陵活动，争取当地部族首领沙摩柯起兵协同蜀汉大军作战，一时有虎吞东吴之势。

不过孙权因先前因在赤壁胜过曹操八十万大军，在面临蜀军战略进攻的情况下，他虽然很害怕，但还是奋起应战。他任命右护军、镇西将军陆逊为大都督，统率朱然、潘璋、韩当、徐盛、孙桓等部共五万人开赴前线，抵御蜀军；同时又遣使向曹丕称臣修好，以避免两线作战。

陆逊上任东吴都督后，通过对吴蜀双方兵力、士气以及地形诸条件的仔细分析，指出刘备兵势强大，居高守险，锐气正盛，求胜心切，吴军不能以硬碰硬，而应暂时避开蜀军的锋芒，再伺机破敌，他耐心说服了吴军诸将放弃立即决战的要求，果断地实施战略退却，一直后撤到夷道（今湖北宜都）、猇亭（今湖北宜都北）一线。然后在那里停止退却转入防御，遏制蜀军的继续进兵。

这样，吴军完全退出了高山峻岭地带，把兵力难以展开的数百里长的山地留给了蜀军。而吴军却在集中兵力，准备相机决战。公元222年二月，刘备亲率主力从秭归进抵猇亭，建立了大本营。这时，蜀军已深入吴境六百里，由于开始遭到吴军的顽强抵抗，其东进的势头停顿了下来。

后来刘备虽然派遣吴班率数千人在平地立营，另外又在山谷中埋伏了8000人马，企图引诱吴军出战，伺机加以聚歼。但是此计依然未能得逞。

陆逊坚守不战，破坏了刘备倚恃优势兵力企求速战速决的战略意图。接下来蜀军将士逐渐斗志涣散松懈，失去了主动优势地位。

时间转眼到了农历六月，江南酷暑时节暑气逼人，蜀军将士扎营而居，挤在一起酷热难耐，刘备也不胜其苦，只好将水军舍舟转移到陆地上，把军营设于深山密林里，依傍溪涧屯兵休整，准备等待到秋后再发动进攻。

由于蜀军是处于狭长崎岖的山道上，又远离后方，故后勤保障多有困难，这是兵家大忌，再加上刘备百里连营，兵力分散，从而为陆逊实施战略反击提供了可乘之机。陆逊看到蜀军士气沮丧，放弃了水陆并进、夹击吴军的作战方针，认为战略反攻的时机业已成熟。陆逊在进行大规模反攻的前夕，先派遣小部队进行了一次试探性的进攻。这次进攻虽未能奏效，但却使陆逊从中寻找到了破敌之法——火攻蜀军连营的作战方法。

这日，陆逊准备决战，他即命令吴军士卒各持茅草一把，乘夜突袭蜀军营寨，顺风放火。蜀军的营寨都是由木栅所筑成，其周围又全是树林、茅草，一旦起火，就会烧成一片。此时又是炎夏季节，火更易燃大，顿时间火势猛烈，蜀军大乱。陆逊乘势发起反攻，迫使蜀军西退，并集中兵力，四面围攻，又歼灭蜀军数万之众。至此，蜀军溃不成军，大部死伤和逃散，车、船和其他军用物资丧失殆尽。刘备乘夜突围逃遁，行至石门山（今湖北巴东东北），被吴将孙桓部追逼，几乎被擒，后卫将军傅彤等被杀。后依赖驿站人员焚烧溃兵所弃的装备堵塞山道才得以摆脱追兵，逃入白帝城中。次年四月，刘备懊恼抑郁成疾，亡故于白帝城中。

夷陵之战是历史上很著名的一次战役，也是刘备指挥的最后一战，他领导蜀国的近70万大军兵力，却大败于东吴陆逊数万兵力，不能不让人扼腕叹息。可以说，刘备伐吴是战略上的失策，而伐吴的失败，则是战术上的不懂装懂。

作为一个领导者，刘备军事才能一般，并不擅长指挥大军作战，但他在关羽死后，内心已乱，完全不顾及别人的劝阻，自领大军前去攻打东吴，在取得了一些小胜之后，自以为也是军事天才，还想出了连营七百里这一"创举"，结果被东吴陆逊放火烧了个落荒而逃。

不擅长的事，何不放手让能者去做

刘备是一个不错的领导者，但经营才能并不高，尤其不善于用兵，他竟自领七十余万大军而出西川，实是极大的冒险。倘若他能遣诸葛亮替他一行，当不至于有此大败。其实现代人也很容易犯这样的错误，比如一些做领导的人，在重大事情上，多数领导者往往不放心属下，即使自己不擅长做某些事，也往往要亲力亲为，结果有时便不免弄得一塌糊涂。

有一则寓言故事：在一个粮食仓库里，有一只看门的狗和一只捉老鼠的猫，狗因个大力大，便经常欺负猫，让它为自己做这做那。这天，有一只老鼠去偷粮食吃，被猫发现了。猫去捉老鼠时，老鼠为活命，跑来跑去跑到了狗的面前，而猫是怕狗的，因此胆怯而不敢再捉。狗见猫跑了几圈没捉着，便嘲笑猫太笨，又想自己捉住老鼠，就朝老鼠扑了过去，无奈身子大不够灵巧，老鼠一下便从狗的胯下蹿出去逃掉了。

狗没捉着老鼠，觉得很没面子，心里也很生气，便拿猫撒气说："你看你笨的，连个老鼠都捉不住，非得我亲自出马，我很久没锻炼过了，有些手生，看让老鼠跑了吧！"

猫知道狗是在为自己找理由，便也为自己争辩道："我本来快要捉住了的，谁让你站在那里挡着道，妨碍我捉它，你要是能捉，你倒捉住它啊！捉不住老鼠反倒赖我，真不知羞！"

狗见猫竟敢跟自己这样顶嘴，很是生气，便要揍猫。而猫怕被狗打，只好逃出了粮库。

老鼠在洞里听了猫和狗的争吵，得意地笑道："这真是'狗拿耗子，多管闲事；猫找狗斗，自讨苦吃'。从此我可以高枕无忧了！"

这个故事中所反映出来的一些情况在企业管理和职场上经常能得到体现，也给我们很好的启发。俗语常说"狗拿耗子，多管闲事"，其实不只是多管闲事，还有越权行事和捣乱的嫌疑。

故事中的粮库就好比一个企业，狗是企业的领导者，猫是具有某些专长的下级管理者或职员，老鼠则是工作中出现的问题。工作中的问题本该是下级管理者或职员解决的，因为他们更了解这些问题，也更擅长解决这些问题。而这时若领导者突来兴致参与其中，则往往会让下层管理者或职员放不开手脚，这样问题反倒不好解决了。而若领导者不是工作上的专家，却嫌下层管理者工员工太笨而自己亲自去解决的话，问题往往会变得更糟。正如上文，捉老鼠是猫的工作，狗是看门的，若非要参与捉老鼠，就只能是捣乱，这样就更不易捉到老鼠。

无论是在管理和工作上，还是在处世上，当你做一件自己不擅长而别人擅长且较为重要的事情时，这时就要能放开人让别人做，而不要自己逞能强为，因为那样不但是自己浪费精力，也浪费了别人的才能，更有可能把事情搞砸，所以一定要注意避免。

观史悟道

君子有所为有所不为，其实不单是指事情的道德性上面，也可以用在你适不适合，或者会不会做某一件事上．如果不适合，或者根本不会做，而身边的其他人却可以做得很好，这个时候我们就要考虑让别人去做，没有必要自己非要逞强，结果却不是自己想要的。

隋文帝爱惜民力天下大治

隋文帝杨坚本是北周的大臣，他是从自己的外甥——北周静帝手中夺得帝位的，但杨坚是个很英明很有作为的皇帝。他在称帝以前就很了解暴虐的统治不得人心。所以他自己当上皇帝以后，总是警惕自己，谨慎地处理政事，在许多方面都做出榜样，得到了天下人的支持。

隋文帝认为，如果法律太苛刻，百姓就会反抗，法律和缓，百姓就会受到感化，自己的统治才能巩固。因此，他下令制定《隋律》，废除了前朝的许多残酷刑罚。百姓有冤枉可以越级上告，直到朝廷。各地判了死刑的罪犯，不能在当地处决，一定要送交最高司法机关大理寺复审，然后由皇帝批准执行。

开皇二十年（公元600年），齐州有个叫王伽的小官，送七十多个罪犯去京城长安，当时法律规定罪犯在押送途中，一定要套上枷锁。走到荥阳的时候，王伽见这些罪犯头顶太阳，颈套枷锁，就有点于心不忍，王伽对那些罪犯说："你们犯了国法，受了处分，这是罪有应得。但是你们不想想，你们犯了罪，也让押送你们的官员跟着吃苦，你们忍心吗？"罪犯们都说由于自己的罪过连累了大家，心里很过意不去。王伽说："你们带着枷锁，长途跋涉，也很不容易，我想把你们的枷锁去掉。咱们约定时间，到长安城门集齐，你们能做到吗？"罪犯们都很感动，一齐跪在王伽面前，说："大人的慈悲我们永生难忘。"接着王伽把罪犯的枷锁去掉，说："希望你们不要失约，要是那样我就得替你们代罪了。"说完，王伽便放了罪犯，自己带着随从向长安进发。

到了约定的日期，罪犯们都按时来到城门口，一个也不缺。后来这件事传到了隋文帝的耳朵里，他觉得王伽是一个非常仁和的官吏，对他大加赞赏。还把罪犯们召进官里，设宴招待他们，并赦免了他们的罪行。随后下了一道诏书，要求各级官吏学习王伽，用感化的办法管理百姓。

除了仁和之外，隋文帝还是个以节俭著称的皇帝。有一次，他的车马用具坏了，宁愿派人去修补，也不愿意做新的。平时，他留意民间疾苦，有一年，关中闹饥荒，他看到百姓吃糠拌豆粉，就拿来给大臣们看，责备自己没有治理好国家，下令饥荒期间不吃酒肉。隋文帝的这些作风得到了大臣和百姓的尊敬。

杨坚还让人修订了《开皇律》，对前代法制遗留下来的81条死罪、150条流罪、1000多条徒、杖等酷刑以及灭族等都一概废止，同时他又下令减轻了许多法律的惩罚程度,如"流役六年,改为五载;刑徒五岁,变从三祀;其余以轻代重、化死为生。"另外,他对犯人处置采取审慎态度,而不是草菅人命,这很有效地防止了冤案的发生,更是很好地为隋朝的统治赢得了民心。

隋文帝还曾颁布"人年五十,免役收庸"、"战亡之家,给复一年"等仁政措施。隋文帝一系列的改革措施,大量地减少了国家的财政开支,并增加了国家的财政收入,也减轻了百姓负担。开皇十七年时,隋朝"户口滋盛,中外仓库,无不盈积。所有赉给,不逾经费,京司帑屋既充,积于廊庑之下,高祖遂停此年正赋,以赐黎元。"

隋文帝初登基时,全国人口400万户,隋炀帝登基时已达890万户,以一户六口计,全国人口不下5000万,这个数字大约直到唐朝玄宗皇帝时才勉强达到。因隋炀帝的荒唐统治,加上隋唐之交天下大乱,各地军阀争战不休,战死无数,社会凋敝民不聊生,人口剧减,使得唐朝虽经贞观之治,但直到唐太宗死后,唐高宗继位时,全国才计户口380万户,再经武则天的有效治理,直至唐玄宗开元盛世时代,全国方有760万户,4100万人。隋开皇九年已垦田地1944万顷,大业中期已垦田地5585万顷。唐天宝十四年已垦田地才为1430万顷。隋朝国力之强由此可见一斑,从中也可以看出,隋文帝之杰出施政才能是多么的能造福于民。

正是由于隋文帝能仁慈爱人,躬行节俭,勤于政务,大力改革,才使得国家财富日增,开创了"平徭赋,仓廪实,法令行,君子咸乐其生,小人各安其业,强无凌弱,众不暴寡,人物殷阜,朝野欢娱。二十年间天下无事"的"开皇之治"。

以德服人,大事可成

大学问家孟子曾说:"君子所以异于人者,以其存心也。君子以仁存心,以礼存心,仁者爱人,有礼者敬人。"就是说为人要有仁心,要有礼地去对待人。唯有律己而爱人,才可赢得大家的尊敬和拥护。

不但在古代,现在也一样。牛根生是我国奶业的龙头老大、蒙牛集团的总裁，他的经商理念就是："小胜凭智，大胜靠德。"他信奉以德服人的交际原则。他常说："想赢两三个回合，赢三年五年，有点智商就行；要想一辈子赢，没有商德绝对不行。"厚德是牛根生做人、经营企业的法宝，厚德使牛根生绝处逢生。而牛根生的厚德其实就是因为他能律己而爱人。

牛根生自己创业之前在另外一家大企业里工作，因为工作业绩突出，上级奖励牛根生一笔钱，让他买一辆好车，而牛根生却用这笔钱买了四辆面包车，把这些车都分给自己的部下，让部下和他一样也都坐上了车。虽然牛根生年薪很高，但是他知道许多工作都是靠基层的职工来完成的，所以把自己的好多钱都分给了困难的职工，有员工病了，他也带头捐款，受到了职工的尊重和敬仰。与他对别人慷慨大方形成鲜明反差的是，牛根生对自己和自己的家人又是何等的吝啬：只给自己的妻女3000元每月的生活费，还要妻子每月给自己报账。出席任何场合都带着那条价值18元的蒙牛企业领带。

牛根生的人品、风范使部下感到，他办企业不是为了个人当官享乐，好多人跟着他干都觉得自己是跟对人了。厚德兴业，因为德是一切事业的基础，是赢得人心的最佳利器，得人心者得商机。牛根生的交际之道以及道德人品为他的创业打开了通天大道。追随牛根生的老部下都深信不疑：只要牛根生能够走向成功，牛根生绝对不会亏待跟随他打天下的部下。所以，曾经的老部下都义无反顾地投奔到了一无市场、二无厂房、三无奶源的牛根生的麾下。牛根生的厚德，赢得了人心，获得了高昂的人气。

牛根生信奉多赢的交际之道，他以德修身，律己待人，厚德载业，宁愿增加生产成本，也要让消费者得到实惠；宁愿散尽股份搞激励创新，也要让蒙牛可持续发展。在老牛自导自演的人生大戏里，我们看到了一个大思路、大手笔、大智慧、高境界的人生，虽然其间也曾受到三聚氰胺等事件的影响，但他能立即改变，以质量求生存，从而顺利地渡过了难关。

如果按照蒙牛的实力，牛根生当然可以列为中国的富人，但他过着简朴的生活，信奉"财散人聚，财聚人散"的交际理念，正是这种处世风格，让牛根生达到了别人不能达到的成功；也正是因为这样的经营理念，牛根生让蒙牛在中国奶业界越做越大，越走越强。

以德服人，人才能尽服，这是做大事者最根本的素质，有了它，我们才能得到他人的精诚合作，获得他人全心全意的拥护。

观史悟道

古人所谓的"君子"，其实不是有大学问的人，不是有权势的人，也不是亿万富翁，关键是他的存心。存心决定了一个人是什么样的人：存心好的是好人，存心坏的是坏人。君子的存心是什么？就是仁，仁者爱人，仁者有一个善良博爱的心灵，所以能受到大家的拥戴。

唐高祖从谏如流兴大唐

唐高祖李渊是唐王朝的开国皇帝，他年轻时受北周"唐国公"爵号，后被隋炀帝任命为弘化留守，兼领潼关以西的军事指挥大权。隋末农民大起义后，他见隋炀帝无道，天下大乱，遂起兵太原，于争战中定鼎关中，创建大唐王朝，又翦灭群雄统一全国，实为一代创业雄主。

苏世长原是隋炀帝的大臣，很受隋炀帝的赏识，隋亡后在王世充手下效力，王世充败后才归顺唐高祖。归顺之后，唐高祖责怪苏世长，说他归顺唐朝太晚。苏世长不服，叩首说："自古以来帝王受命继承帝位，被喻为逐鹿，一人得手，万夫敛手。哪有获鹿之后，怨恨与他一起打猎逐鹿的同伙，而怪罪他们同来争肉的道理呢？"

唐高祖很看中苏世长的才能，便任他为谏议大夫。有一次，苏世长等人随从唐高祖去打猎，收获很大，所获猎物挂满了帐篷的四周。唐高祖兴致极高，环顾大臣们问道："今天打猎收获丰盛，你们高兴吗？"

没等其他大臣们说话，苏世长抢先说："陛下打猎助兴，却置国家大事于不顾，获猎再多，也没有什么值得高兴的！"

一番话给猎兴正浓的唐高祖浇了一桶冷水，李渊变了脸正要发作，却突然莞尔一笑，说道："你又狂态大发了？"

苏世长反驳道："如果我是为自己考虑就是狂，我是为陛下和国家大计考虑就不是狂，而是忠！"唐高祖知道苏世长的性格，也没有再责怪他。

打猎回来后不久，苏世长陪唐高祖在披香殿酒宴，酒酣之时，苏世长假装醉眼朦胧地说："我这是在隋炀帝的宫殿里吗？要不然，怎么会如此富丽堂皇呢？"

唐高祖一听，马上就明白苏世长的意思了，便说："你表面上好像很直爽，其实心里鬼诈得很，你心里明白这是我修建的宫殿，何必借醉酒佯称是隋炀帝的宫殿来指责我呢？"

苏世长的心思被唐高祖一语道破，便直截了当地说："我不赞成你修造如此华丽的宫殿，我认为，这不是一个刚创立基业的帝王应有的作为。当初陛下还未创立唐朝基业的时候，我见过陛下住的房子，仅仅只能遮挡风雨，而陛下并未觉得有什么不好。正因为隋朝的腐败、奢侈、荒淫，人民终于不堪忍受，最终导致隋朝灭亡。而陛下现在和隋炀帝一样修造豪华的宫殿，这不是步他的后尘吗？"

唐高祖认为苏世长说得很在理，同意了他的看法。从此，唐高祖很看重苏世长，苏世长也向唐高祖提出了许多良好的治国之道，多数被采用。

善于倾听，才能日有进益

唐朝之所以在李渊的时代便迅速稳定下来，关键就在于李渊善于纳谏，他在总结隋朝用人方面的经验教训时曾说："隋末无道，上下互相蒙蔽，皇上骄横，臣下谄媚奸佞之徒不断，皇上不知道改正自己的错误，臣子不为国尽忠，最终使国家危难，自己也死在佞臣之手。朕拨乱反正，志在安邦定国，平定乱世要用武将，守成治国要靠文臣，使他们各尽其才，国家才能安枕无忧。"

唐高祖创业期间，留心听取别人的看法，择其善者而从之。如他每次议事都留取时间让大臣们各抒己见，也正是这样，他知道了臣子们内心的需要，也赢取了他们的心！

英国学者约翰·阿尔代说：对于真正的交流大师来说，倾听和讲话是相互关联的，就像一块布的经线和纬线一样。当他倾听的时候，他是站在他同伴的心灵的入口；而当他讲话时，他则邀请他的听众站在通往他自己思想的入口。

乔·吉拉德被誉为当今世界最伟大的推销员，其中有一件事让他终身难忘。在一次推销中，乔·吉拉德与客户洽谈顺利，就要快签约成交时，对方却突然变了卦。

当天晚上，按照顾客留下的地址，乔·吉拉德找上门去求教。客户见他满脸真诚，就实话实说："你的失败是由于你没有自始至终听我讲话。就在我准备签约前，我提到我的独生子即将上大学，而且还提到他的运动成绩和他将来的抱负。我是以他为荣的，但是你当时却没有任何反应，而且还转过头去用手机和别人讲电话，我一恼就改变主意了！"

此一番话重重提醒了乔·吉拉德，使他领悟到"听"的重要性，让他认识到如果不能自始至终倾听对方讲话的内容，认同顾客的心理感受，难免会失去自己的顾客。以后再面对顾客时，他就非常注意倾听他们的话，无论是否和他的交易有关，都给以充分的尊重，收到了意想不到的效果。这也终于使他成为一名推销方面的大师级高手。

由此可以看出，善于倾听不但更易于把事情做成，也能拉近你与他人的关系，这在交际和销售等方面也是很有用的。但要做到这点，倾听时就需要有尊重别人的修养和虚怀若谷的心态。善于倾听不需要你说得多好，只要用耳朵，用心去听，就已足够。

有句谚语说："倾听是最高的恭维。"渴望被倾听是人的一种本性，在被认真倾听时，被倾听的人会感到尊重的满足。朱元璋在听幕僚臣子纳谏时，总先说明，不管说得怎样，有无道理，一律无罪。而且每次都在他们说完后再来发表自己的看法，从不刻意打断！也许你不会很好地提供给他一个解决问题的方法，你甚至什么都不用说，只是静静地听着。被倾听的人只是需要一个窗口，一个人性的充满感情的窗口供他去抒发心中的郁闷。

很多组织的领导者都有这样的体会，一位因感到自己待遇不公而愤愤不平的员工找你评理，你只需认真地听他倾诉，当他倾诉完时，心情就会平静许多，甚至不需你作出什么决定，这位员工便已找到了解决的办法。

观史悟道

在做事方面，听则明，不听则昏，多听别人的意见，你会很容易地找到把事情处理得更好的方法；而在处世与交际中，善于倾听可以让别人感觉你很谦虚，同时你也会了解更多的事情。造物主给我们两只耳朵一个嘴巴，本来就是让我们多听少说的，这话很有道理。善于倾听，才能日有进益，这是我们每个人在处世为人时应具备的基本素质之一。

唐太宗敬畏人民大唐始兴

作为皇帝，唐太宗能做到脚踏实地、不骄不躁，善于纳谏，这很值得现代的人们学习。唐太宗是唐朝第二位皇帝，即位为帝后，积极听取群臣的意见，厉行节约，使百姓休养生息，终于出现了国泰民安的局面，因其年号贞观，史称"贞观之治"。

唐太宗与大臣们的关系非常好，因为他能放低姿态与群臣交流，听取他们有用的建议。比如被后人誉为"诤臣"的魏征,就常常提对国家有用决策和看法,并且他连唐太宗的个人生活和家事都要管,唐太宗有时虽然很生气,但一直视他为良师益友。

魏征总是将国家和社稷的安危放在第一位,而不顾自己个人的前途。在他政治生涯的辉煌时期,他以忠贞和无畏的精神,为唐太宗的正确治理提出了不少宝贵的意见。

有一次,有人传言魏征偏袒自己的亲戚,唐太宗就派御史温彦博去调查,结果证明传言不实。

但温彦博奏报时却不就事论事,而是说:"魏征身为朝臣,应该检点自己的言行举止,虽然在情理上他并没有徇私,但他不避嫌疑而招来非议,应该受责备。"唐太宗觉得温彦博说得有理,就命他去责备魏征,让他注意自己的言行举止。没想到过了几天,魏征入朝奏道:"臣听说,君臣和谐默契,二者道义上如同一个整体,哪有弃公道于不顾,只追求个人的行为影响?如果君臣上下都这样行事,那么国家的兴亡就不可预知了。"

唐太宗听了魏征的话有些吃惊,便说自己已经悔悟了。没想到魏征又说:"希望陛下让臣做良臣,不要让臣做忠臣。"

唐太宗又惊异地问良臣与忠臣有什么区别?魏征答道:"使自己身获美名,使君主成为明君,子孙相继,福禄无疆,这是良臣。使自己身受杀戮,而君主却为暴君,家国沦丧,空有忠名者,这是忠臣。"

有一次唐太宗曾问魏征:"什么是明君?什么是暗君?"

魏征说:"兼听则明,偏信则暗。过去的尧、舜时代,之所以达到大同社会,其做法之一就是开四方之门,以等待天下来访的贤俊。而秦二世偏信赵高、隋炀帝偏信虞世基,则使国家大乱而亡。"

唐太宗沉吟片刻,觉得很有道理,就拿起笔在纸上工工整整地写下"兼听则明,偏信则暗"八个字,端详良久,深有所悟地感叹道:"说得好啊。"

有一次,唐太宗和侍臣们聚在一起谈话,唐太宗说:"我读过隋炀帝的文章,文采好,知识也渊博。看得出他也认为尧、舜是好君主,桀、纣是坏君主。可他做起事情来怎么就跟他的观点完全相反呢?"

魏征回答说:"君王再聪明伟大,也还是应该谦虚地接受别人的帮助和批评,只有这样,智慧的人才愿为他出谋划策,勇敢的人才愿为他献身出力。隋炀帝自恃才华过人,骄傲自大,瞧不起别人,所以他虽然口颂尧、舜,干的是桀、纣的勾当,所以他一步步地走向灭亡却不自知。"

唐太宗认为魏征说的关于隋灭亡的话十分精辟,他对大家说:"沉痛的教训并不遥远,我们应该把隋炀帝当作反面教材,经常要反思他们的教训。"

无论在什么时代,帝王们没有一个愿意国灭身亡的,隋炀帝也一样。而亡国之君之所以败亡的原因就在于其行为和愿望相背离。国家的根本在于民,民富则天下安,民顺则天下兴。身为君王,不以天下之忧而忧,不以天下之乐而乐,而是任其心性,烦扰百姓,还有不败亡的道理吗?

唐太宗治理天下,魏征则专于匡正唐太宗,使得他能不骄不躁,为国为民尽心尽力,他还对唐太宗说:"君主掌握国家的重权,如果不想到居安思危,以节俭戒除贪婪,不能使德行聚累崇厚,不能用情理战胜欲望,也就如同砍伐树根而想使它茂盛,阻碍河流而想使它长远一样。"

唐太宗自己也说:"民众如水,可以载舟,也可以覆舟,这是应该谨慎的。腐朽的绳索套着奔驰的车辆,这种危险是不可以忽视的啊!"

唐太宗执政时期,不少人请求唐太宗到泰山搞封禅大典。有一次唐太宗架不住群臣屡次三番的请求和动员,便心动了。正当他下令筹备封禅大典时,魏征又站出来,明确表示反对,两人还展开了一场针锋相对的舌战。最后唐太宗有些愤怒了,说:"你为什么不同意封禅?"

魏征则以激动而诚挚的声音说:"陛下准备东去泰山封禅典礼,规模浩大,声势动天,千乘万骑,浩浩荡荡,一路上吃喝住行的供应招待,该要多大的花费、多大的开销!而当今的河南、山东广大地区,荒山野泽,人烟稀落,一片萧条。如果一旦遇上水旱大灾和政局动荡,我们将拿什么去抵挡和防御?那时,保不准有人振臂一呼,天下人民又会揭竿而起,到这个地步时,陛下再后悔就来不及了。这些看法不只是臣之私见,也是天下人民的心声,是从沉痛的历史教训中总结出的真谛啊!"

唐太宗听后怒火渐渐消了,因为此时适逢河南、河北许多地方发生水灾,他认为自己的确不能刚有点成绩就骄傲起来,于是就取消了封禅的计划，并且终其一生都没有去。

魏征和唐太宗一臣一君，为后世人留下了很多振聋发聩而又深富哲理的话。

谨慎做事易成，骄躁做事必败

我们应该记住：谦虚谨慎者易成功，骄躁武断者常失败！因为我们做事情时需要和谐，但骄傲自大，目中无人，就有可能身不由己地参与一些无谓的争斗之中，这样事情就不能达到和谐了，并且还往往会带来更大的危害。因此，我们平时无论说话做事情，都应该小心谨慎，三思而行。人们所谓的"祸从口出，病从口入"，讲的就是这个道理。而明白这一点，你就成功了一半。

一个人无论有多大的成就，若不能继续保持谦虚谨慎的态度，过往的成绩便如烟逝去，不但受不到别人的尊重，还会使自己停滞不前，失去许多大好机会，落后了便追悔莫及，所以我们应将谦虚谨慎态度当成一种习惯，因为天外有天，人外有人，真正的强者大都是谨小慎微，含而不露的。

观史悟道

谦虚谨慎不是胆怯，而是处世做人的优良态度，也是事业成功的奥妙所在。有的人生性谨慎，似乎先天就具备良好的判断力。这是一种智慧，有了这种智慧，尚未起步就等于成功了一半。随着年龄和经验的增长，这种人的理智能够达到成熟，他们的判断力能够因时就势，左右逢源。其实做事和创业时尤其需要如此的思考，也只有这样，成功的机率才会更高。

参考资料

1. 卢志丹：《逆道（中华大成智慧经典读本）》，蓝天出版社，2008年7月出版。

2. 易中天：《品三国》，上海文艺出版社，2006年7月出版。

3. 王傅雷：《左手胡雪岩 右手曾国藩》，哈尔滨出版社，2009年3月出版。

4. 郭平、周翔：《二十五史故事365》，湖北少儿出版社，2004年1月出版。

5. 欧阳勇富：《人一生不可不知的100个历史经验》，经济管理出版社，2007年6月出版。

6. 贾志刚：《说春秋之三 晋楚争雄》，广西师范大学出版社，2009年9月出版。

7. 徐平华：《人道与商道》，石油工业出版社，2006年11月出版。

8. 胡卫红：《做事先做人》，海潮出版社，2008年1月出版。

9. 陈玲：《三分做事七分做人全集》，新世界出版社，2007年11月出版。

10. 赵震野：《增广贤文故事征引》，中国社会出版社，2006年9月出版。

11. 冯敬、张易：《谋略术》，远方出版社，2009年1月出版。

12. 赵涛：《读历史学用人》，北京工业大学出版社，2008年8月出版。

13. 纪连海：《说康熙》，上海辞书出版社，2007年1月出版。

14. 舒天：《精彩故事中的人生大智慧》，台海出版社，2009年6月出版。

15. 姚大力、普郁、今波：《史家绝唱司马迁》，上海文化出版社，2008年8月出版。

16. 秦轲：《人类历史中的成功智慧》，吉林人民出版社，2006年1月出版。

17. 李轩：《读史学做人》，海潮出版社，2008年6月出版。

18. 白山、边建强：《老子低调做人的哲学》，中国三峡出版社2008年10月出版。

19. 方州：《给孩子讲历史》，中国华侨出版社，2008年7月出版。

20. 陈君慧：《二十四史故事》，线装书局出版社，2008年10月出版。

21. 张其成：《〈易经〉感悟》，广西科学技术出版社，2007年7月出版。

22. 奚华：《每天品读一个好故事》，北京工业大学出版社，2008年4月出版。

23. 杨东雄：《跟帝王学处世》，西苑出版社，2004年10月出版。

24. 司马志：《读史悟人生》，中国纺织出版社，2009年8月出版。

25. 李家晔、吴玲：《一代人豪刘伯温：功彪千秋德炳万古的智慧大师》中国社会出版社，2008年10月出版。

26. 李国章、赵昌平等：《二十五史新编》，上海古籍出版社，1997年11月出版。

27. 淳风：《品读三国》，中国商业出版社，2006年7月出版。

28. 干天全：《中国古代寓言故事精选》，四川文艺出版社，2003年11月出版。

29. 朱怀江：《做人与做事全集》，海潮出版社，2006年12月出版

30. 古汉源：《曾国藩做人做事做官中庸之道》，中共中央党校出版社，2006年8月出版。

31. （美）戴尔·卡耐基：《卡耐基成功学全书》，黄智鹏译，万卷出版公司，2008年4月出版。

32. （美）劳德：《做事先做人》，林语堂译，陕西师范大学出版社，

2008年7月出版。

33.（英）斯迈尔斯：《成功的力量》，李柏光、李舟译，陕西师范大学出版社，2008年3月出版。